IT 전문가로 가는 길 ESCORT C++

장문석 지음

문법에서 **설계**, **구현**까지 *Escort*해 드립니다.

IT 전문가로 가는 길

Escort C++

발 행 일 | 2013년 3월 5일

지 은 이 | 장문석
디 자 인 | 박수정
제 작 | 송재호

펴 낸 곳 | 언제나 휴일 출판사
홈 페 이 지 | www.ehclub.net
카 페 | www.ehclub.co.kr

공 급 처 | 가나북스
홈 페 이 지 | www.gnbooks.co.kr
전 화 | 031) 408-8811(代)
팩 스 | 031) 501-8811

ISBN 978-89-967884-7-8
가격 18,000원

지은이의 말

이 책은 C++ 입문자를 위한 문법부터 실무 프로그래밍 개발 공정에 맞게 설계 및 구현에 대하여 다루고 있습니다. 많은 입문서들이 문법과 구현에 대해 다루고 있지만 정작 중요한 설계나 개발 공정에 대한 부분을 다루고 있는 책을 접하기 힘들어 매 번 강의할 때마다 아쉬움이 많았습니다. 특히, 강의를 받는 수강생들은 개발 공정에 맞게 프로그래밍하기를 요구하는 저의 강의를 어떻게 예습을 해야 할 지 몰라서 개발 방법론에 대한 책이나 웹 사이트를 뒤지며 많은 시간을 허비하더군요.

이미 효과적인 개발 방법론들에 대한 연구나 교육 및 현업에서의 적용이 되고 있음에도 프로그래밍 언어에 대한 책에는 개발 공정이나 설계에 대해 다루지 않는 게 현실입니다. 개발 방법론에 대해 다루는 책들은 흔하게 볼 수 있지만 실제 구현에 대한 부분이 생략된 경우가 많아서 어떻게 접목해야 하는가는 독자의 몫이었습니다.

이 책에서는 C++ 입문자들이 문법과 OOP에 대한 설명과 더불어 개발 공정에 따라 시나리오, 요구 분석 및 정의, 설계, 구현과정을 통해 프로그래밍 실습을 다루고 있습니다. 물론, 보다 설계에 대해 자세히 다루는 책이나 개발 방법론을 다루는 책을 통해 심화된 학습은 필요할 것입니다.

아무쪼록 이 책을 통해 C++ 문법 뿐만 아니라 개발 공정에 맞게 프로그래밍 작성 능력을 키울 수 있었으면 하는 게 제 바람입니다.

집필을 하는 동안 수 많은 수강생들과 이미 수료한 제자들의 질문과 격려로 이 책을 출간하게 되었기에 그들에게 감사를 표하는 바입니다. 그리고 항상 옆에서 저를 격려해주는 아내 정수와 아들 혁재에게 무한한 사랑과 고마움을 전합니다.

장문석

목 차

01

C++에 들어가면서

1. 1 C++소개

"C++이 무엇인가요?" 라는 질문에 대한 답변은 다양하게 나올 수 있을 것입니다. 저는 C++ 강의를 시작하면서 이에 대한 답변으로 "C++ is a c with class."라고 얘기를 합니다. 이렇게 얘기를 하는 이유는 C++ 언어가 C와 무관한 언어가 아니라 C언어의 문법에 새로운 문법 사항으로 클래스가 추가되었음을 강조하기 위함입니다. 이 책도 C언어 기본 문법을 이해하고 있는 독자를 대상으로 작성하였습니다.

그렇지만 C++ 언어는 클래스를 제외하고도 C언어와 차이가 있는 문법 사항이 많이 있습니다. 여기서는 이러한 사항들에 대해서 먼저 다루려고 합니다. 그리고 이후에는 될 수 있으면 추가된 클래스 문법과 개체 지향에 초점을 두어 기술하고자 합니다. 참고로 이 책에서는 템플릿에 대해서는 다루지만 표준 템플릿 라이브러리에 대해서는 다루지 않습니다.

먼저, C++ 언어가 C와 다른 철학적인 부분을 얘기하자면 C언어는 언어에서 제한하는 문법 사항은 간략하게 만들어 유연성 있게 프로그래밍을 할 수 있게 하고 있습니다. 이러한 특징으로 개발자는 유연성 있게 프로그래밍을 할 수 있지만, 자신의 프로그램 신뢰성에 관한 책임도 개발자가 부담해야 합니다. 반면, C++ 언어에서는 신뢰성에 관한 많은 문법적인 제약을 두어 개발자로 하여금 제약 범위 내에 신뢰성 없는 부분에 대해 오류를 발생하여 수정할 수 있게 도움을 주고 있습니다. 물론, C++ 언어가 높은 신뢰성을 추구한다는 것은 C언어와 비교했을 때의 얘기이고 Java나 C#과 비교하면 신뢰성이 상대적으로 떨어진다고 할 수 있습니다. 이 책에서는 C에서 제공하지 못했던 이와 같은 특징들을 중심으로 기술이 되어 있습니다.

C++ 언어는 개체 중심으로 프로그래밍할 수 있는 주요한 특징들을 갖고 있습니다. 개체를 지향하는 프로그래밍 언어(Object Oriented Programming Language)들이 갖는 공통적인 주요한 특징으로는 캡슐화, 상속, 다형성을 들 수 있습니다. 캡슐화는 프로그램에 개체들을 정의하는 과정을 말하며 상속은 기반 형식에서 파생 형식을 정의하였을 때 기반 형식의 멤버를 상속받는 특성을 말합니다. 다형성은 변수를 통해 접근하는 개체의 실제 형식과 멤버 메서드를 통해 수행되는 동작이 다양한 형태를 지닐 수 있음을 말합니다. 이 책은 많은 부분에서 이러한 OOP의 특징에 대한 문법사항과 이들을 효과적으로 사용하는 방법들에 대해서 다루고 있습니다. 또한, 프로그램을 개발공정에 따라 구현에 치중하지 않고 설계에 대한 부분도 충실히 다루고 있습니다.

1. 2 클래스를 제외한 C언어와 다른 문법 사항

C++언어는 C언어와 클래스를 제외한 문법 사항이 상당히 유사합니다. 여기에서는 클래스를 제외한 문법 사항 중에 C언어와 다른 부분들을 소개하려고 합니다. C++언어에서는 사용자의 논리적 오류에 대해 C언어보다 엄격하게 검사하여 신뢰성을 높였습니다. 이는 개발 단계에서 잘못된 부분을 고칠 기회를 주므로 전체 개발 비용을 줄일 수 있게 됩니다. 그리고 신뢰성에 문제가 없는 범위에서 더욱 효과적으로 표현할 수 있게 다양한 편의성을 제공하고 있습니다. 여기에서는 신뢰성을 강화시키는 문법 사항과 편의성을 제공하는 문법 사항으로 나누어 설명하겠습니다.

참고: 이 책에서 사용자는 C++ 언어 사용자를 말하며 프로그램 사용자는 최종 사용자라고 명시하겠습니다.

1.2.1 신뢰성 강화

- 열거형

C언어에서 열거형은 정수형과 묵시적 형 변환이 됩니다. 이러한 특징때문에 C언어에서 열거형은 별도의 형식을 정의한다기보다 매크로 상수를 그룹화하는 목적으로 사용이 되었습니다. 하지만 C++언어에서 열거형은 정수형과 다른 형식으로 인식됩니다.

C언어에서는 정수형이 오기를 기대하는 곳에 열거형이 오거나 열거형이 오기를 기대하는 곳에 정수형이 온다고 하더라도 아무런 오류가 발생하지 않습니다.

C++ 언어에서는 정수형이 오기를 기대하는 곳에 열거형이 와도 오류가 발생하지 않습니다. 하지만 열거형이 오기를 기대하는 곳에 정수형이 오면 컴파일 오류를 발생합니다.

```
 1 enum Gender
 2 {
 3     FEMALE,
 4     MALE
 5 };
 6 void main()
 7 {
 8     Gender g;
 9     int i = 0;
10
11     g = i;
12     i = g;
13 }
```

1 error C2440: '=' : 'int'에서 'Gender'(으)로 변환할 수 없습니다. stub.cpp 11

[그림 1.1]

[그림 1.1]은 FEMALE, MALE을 값으로 가질 수 있는 열거형 Gender를 정의하여 사용하는 예입니다. 보시는 것처럼 줄 11에서는 열거형 변수 g에 정수형 변수 i를 대입하는 구문이고 오류 목록을 보면 "int에서 Gender 형식으로 변환할 수 없다"는 오류를 확인할 수 있습니다.

그렇다면 왜 C++언어에서는 이 같은 경우에 오류를 발생할까요?

C++에서는 C언어보다 높은 신뢰성을 요구한다고 얘기를 했었습니다. C++ 사용자가 열거형을 정의할 때 열거되는 상수 명에 대응되는 상수 값이 정수 값만을 지정할 수 있습니다. 이 얘기는 정수형이 와야 하는 곳에 열거형이 온다고 해서 잘못된 값이 될 개연성이 없다는 것을 의미합니다. 이러한 이유로 C++ 언어에서는 정수형이 오기를 기대하는 곳에 열거형이 와도 오류를 발생하지 않습니다. 하지만 열거형이 오기를 기대하는 곳에 정수형이 왔을 때 해당 정수가 열거형 범위에 속하지 않을 개연성이 있기 때문에 오류를 발생합니다. 설령 해당 값이 열거형에 열거된 값에 속한다 하더라도 C++ 컴파일러는 값을 비교하여 문법을 검사하는 것이 아니라 형식을 비교하여 문법을 검사하기 때문에 오류를 발생합니다.

실제 프로그래밍에서는 개발자가 이에 대한 문법 사항을 정확히 알고 있지 않더라도 컴파일 오류를 없애야 하므로 자연스럽게 신뢰성 있는 코드를 작성하게 됩니다. 오히려 C언어에서는 이러한 부분에 컴파일 에러가 발생하지 않기 때문에 개발자가 이에 대해 점검을 해야 한다는 것으로 생각할 수 있습니다.

- const 포인터

함수를 호출할 때 호출부에서 전달하는 문자열을 피 호출 함수에서 변경하지 않기를 기대할 수가 있습니다. strcpy 함수의 원본 문자열이나 strcmp 함수에 전달되는 문자열은 해당 함수 내부에서 변경하지 말아야 합니다. 이 같은 경우에 const 포인터를 사용하여 입력 매개 변수를 약속하게 됩니다. const 포인터로 입력 매개 변수를 약속하는 것은 해당 함수를 호출하면 전달된 메모리 주소에 있는 값을 변경하지 않겠다는 약속이기 때문에 신뢰하고 사용할 수 있습니다. 그런데 C언어에서는 이처럼 약속하고서 실제 피 호출 함수 내부에서 전달받은 메모리 주소에 있는 값을 변경하는 구문을 사용하더라도 컴파일 오류를 발생하지 않고 경고만 발생합니다. C++ 언어에서는 이럴 때 컴파일 오류를 발생함으로써 개발자로 하여금 약속에 어긋난 코드를 피할 수 있게 도와줍니다.

[그림 1.2]는 const char *로 매개 변수를 정하고 함수 내부에서 이를 char *형 변수 p에 대입하여 이를 통해 값을 바꾸고자 시도하는 코드입니다. p는 char *형 변수는 해당 주소에 있는 값을 바꿀 수 있는 형식이기 때문에 const char *로 약속한 입력 매개 변수 str을 대입을 하면 이후 p를 이용하여 값을 바꾸었을 때 약속에 위배되게 됩니다. C++ 언어에서는 이럴 때 컴파일 오류를 발생시킴으로써 약속 위배를 막아줍니다.

```
void Foo(const char *str);

void main( )
{
    char arr[10]="hello";

    Foo(arr);
}

void Foo(const char *str)
{
    char *p = str;
    *p = 'a';
}
```

1 error C2440: '초기화 중' : 'const char *'에서 'char *'(으)로 변환할 수 없습니다. program. 12

[그림 1.2]

- void 포인터

void 포인터 형식의 변수는 선언 시에 원소 형식을 명시하지 않고 코드 상에서 어떠한 형식의 포인터도 받을 수 있는 형식입니다. 하지만 반대로 void 포인터 변수의 값을 일반(void 포인터형이 아닌) 포인터 변수에 대입할 경우 그 이후에 간접 연산자에 의해 모순된 작업이 될 개연성이 있습니다.

다음은 C언어로 작성된 코드입니다. 의도적으로 char형을 원소로 하는 배열을 선언하고 배열명을 void 포인터형 변수에 대입한 후 int 형 포인터 변수로 받았습니다. 그리고 int형 포인터 변수와 간접 연산을 통해 값을 바꾸었는데 과연 결과가 어떻게 될까요? [그림 1.3]을 살펴보시기 바랍니다.

demo.c - C에서는 컴파일 성공

```
#include <stdio.h>
void main()
{
    char arr[10]={1,2,3,4,5,6,7,8,9,10};
    void *pv = 0;
    int *pi = 0;
    int i = 0;
    pv = arr;
    pi = pv;

    *pi = 10;
    for(i=0; i<10; i++)
    {
        printf("arr[%d]: %d₩n",i, arr[i]);
    }
}
```

```
C:₩Windows₩system32₩cmd.exe
arr[0]: 10
arr[1]: 0
arr[2]: 0
arr[3]: 0
arr[4]: 5
arr[5]: 6
arr[6]: 7
arr[7]: 8
arr[8]: 9
arr[9]: 10
```

[그림 1.3]

사용자가 배열을 선언할 때에는 char형을 원소로 하는 배열인데 이를 void 포인터 변수에 대입하여 일반적인 작업을 하는 코드 블록에서 원래 형식이 아닌 int 포인터형으로 잘못 사용하였을 때 C컴파일러는 경고는 발생하지만, 오류를 발생하지 않습니다. 사용자가 발생한 경고를 무시하더라도 컴파일은 성공하기 때문에 버그가 있는 프로그램이 작성되게 됩니다. C++에서는 [그림 1.4]를 보면 알 수 있듯이 이 같은 경우에 경고가 아닌 오류를 발생시켜 사용자로 하여금 코드를 수정할 수 있게 해 줍니다.

```
#include <stdio.h>
void main( )
{
    char arr[10]={1,2,3,4,5,6,7,8,9,10};
    void *pv = 0;
    int *pi = 0;
    int i = 0;

    pv = arr;
    pi = pv;

    *pi = 10;

    for( i=0; i<10; i++)
    {
        printf("arr[%d]: %d\n",i, arr[i]);
    }
}
```

1 error C2440: '=' : 'void *'에서 'int *'(으)로 변환할 수 없습니다. program. 10

[그림 1.4]

- bool 형식의 제공

프로그래밍을 하다 보면 특정 연산 결과가 참인지 거짓인지를 판별해야 하는 경우가 많이 있습니다. C언어에서는 이러한 경우를 위한 별도의 연산자를 제공하지 않고 있습니다. 물론, C언어에서 어떠한 변수의 값이 0이면 거짓, 그 이외의 값일 경우에 참으로 인식하기 때문에 프로그래밍할 때 큰 지장이 생기지는 않습니다. 하지만 참과 거짓만을 값으로 갖는 별도의 형식을 제공하는 것보다는 가독성이 떨어질 수 있습니다.

C++언어에서는 이 같은 경우에 사용할 수 있는 bool 형식을 제공하고 있습니다. bool 형식은 값으로 true나 false를 가질 수 있으며 이를 통해 좀 더 가독성이 높고 신뢰성 있는 코드를 작성할 수 있습니다.

bool 형식

```
#include <iostream>
using std::cout;
using std::endl;
using std::cin;
bool IsEvenNumber(int num);
void main()
{
		bool check = false;
		int num = 0;
		cout<<"아무 수나 입력하세요."<<endl;
		cin>>num;
		check = IsEvenNumber(num);
		if(check)
		{
				cout<<num<<"은 짝수입니다."<<endl;
		}
		else
		{
				cout<<num<<"은 홀수입니다."<<endl;
		}
}
bool IsEvenNumber(int num)
{
		return (num%2)==0;
}
```

1.2.2 편의성 제공

C++언어에서는 신뢰성에 문제가 되지 않는 범위에서 사용자에게 많은 편의성을 제공하고 있습니다. 이번에는 C언어에서는 없었던 문법 사항 중에 사용자 편의성에 관한 부분을 다루어 봅시다.

- 태그 명이 형식 명으로 사용

C언어에서는 사용자 정의 형식의 변수를 선언할 때 명명하는 태그 명(struct, union, enum 뒤에 오는 명칭)을 바로 형식 명으로 사용할 수 없습니다. 이럴 때 typedef을 통해 형식 명을 정의하거나 혹은 struct Stu stu;와 같이 키워드와 태그 명을 붙여 변수를 선언해야 합니다. C++에서는 태그 명을 바로 형식 명으로 사용할 수가 있기 때문에 Stu stu;와 같은 표현을 할 수 있습니다.

태그 명을 형식 명으로 사용한 예

```
#include <string> //string.h와 다른 것입니다.
using std::string;
enum Gender
{
    FEMALE,
    MALE
};

struct StuInfo
{
    int num;
    string name;
};

void main()
{
    Gender g = MALE; //태그 명인 Gender를 형식 명으로 사용
    StuInfo si = {2,"홍길동"}; //태그 명인 StuInfo를 형식 명으로 사용
}
```

- 원하는 위치에 변수 선언

C언어에서 변수 선언은 블록 시작 위치에서만 가능합니다. C++언어에서는 변수 선언에 대한 위치가 블록 중간에 오는 것을 허용합니다. 그렇다고 하더라도 반복문 내부에 선언하는 것은 바람직하지 않습니다. 반복문 내부에 변수를 선언하면 매 루프를 수행할 때마다 변수를 위한 메모리 할당과 해제가 반복되게 되기 때문입니다.

- 레퍼런스 변수의 등장

C++언어에서는 변수 선언 시에 다른 변수에 의해 할당된 메모리를 참조하는 레퍼런스 변수를 선언할 수 있습니다. 이 경우에 레퍼런스 변수는 별도의 메모리가 할당되지 않습니다. 이러한 이유로 레퍼런스 변수는 선언 시에 우항에 l-value(대입 연산자의 좌항에 올 수 있는 표현을 말함)가 와야 합니다.

주의할 것은 레퍼런스 변수는 선언 부 이외에는 기존 변수처럼 값 기반으로 동작합니다.

레퍼런스 변수의 사용 예

```
#include <iostream>
using std::cout;
using std::endl;


void main()
{
    int a = 0;
    int &ra = a;
    ra=3;
    cout<<"a:"<<a<<endl;
    cout<<"ra:"<<ra<<endl;
}
```

레퍼런스 변수를 사용할 때 주의할 사항으로는 리턴 형식을 레퍼런스 형식으로 만들고 지역 변수를 반환하지 말라는 것입니다. 이미 해당 함수가 리턴하고 난 후에 반환한 메모리는 논리적으로 소멸한 메모리이기 때문에 이 때문에 발생한 모든 책임은 개발자에게 있습니다.

```
 1 #include <iostream>
 2 using std::cout;
 3 using std::endl;
 4
 5 int &Foo( );
 6 void main( )
 7 {
 8     int a=0;
 9
10     a = Foo( );
11 }
12
13 int &Foo( )
14 {
15     int ra = 0;
16     return ra;
17 }
```

⚠ 1 warning C4172: 지역 변수 또는 임시 변수의 주소를 반환하고 있습니다. program. 16

[그림 1.5]

- 함수 중복 정의(function overloading)

C언어에서는 같은 이름을 갖는 함수를 정의할 수가 없었습니다. C++에서는 특정 조건을 만족하게 하는 경우 같은 이름을 갖는 함수를 중복해서 정의할 수 있습니다. C++에서는 컴파일 과정에서 사용자가 정의한 코드를 전개하는 과정에서 사용자가 정의한 함수명을 매개 변수 리스트에 따라 유일한 이름의 함수명으로 결정하는 함수 부호화(코드화) 과정이 진행됩니다. 그리고 함수를 호출하는 부분은 가장 적절한 매개 변수를 갖는 함수가 호출될 수 있게 연결(함수 이름 Mangling)해 줍니다. 이러한 이유로 C++에서는 사용자가 정의한 함수를 호출할 때 사용하는 이름을 함수명이라고 부르는 것 보다 메서드 명이라 부르는 게 좀 더 정확한 표현입니다. 즉, 정의하는 것은 함수이고 이를 호출할 때 사용하는 이름은 메서드 명이라 할 수 있습니다.

Demo.cpp - 함수 중복 정의 예

```
#include <iostream>
using std::cout;
using std::endl;

int GetMax(int a,int b)
{
    if(a>b)
    {
        return a;
    }
    return b;
}
char GetMax(char a,char b)
{
    if(a>b)
    {
        return a;
    }
    return b;
}
void main()
{
    cout<<GetMax(2,3)<<endl;   //int GetMax(int a, int b);로 연결
    cout<<GetMax('a','b')<<endl; //char GetMax(char a,char b);로 연결
}
```

함수 중복 정의는 결국 C++ 컴파일러의 전개과정에서 유일한 이름의 함수명으로 변경되고 호출부의 코드도 인자가 가장 적절한 함수로 연결되는 것입니다. 그렇다고 모든 경우에 함수 중복 정의가 가능하지는 않습니다. 컴파일러에서 호출하는 메서드명을 어떠한 함수를 호출하는 것인지 결정할 수 있어야 함수 중복 정의가 가능합니다. 다음의 예의 경우 어떻게 동작할지 생각해 보세요.

Demo.cpp – 리턴 형식만 다른 경우 함수 중복 정의가 안 됨

```
#include <iostream>
using std::cout;
using std::endl;
void Foo()
{
    cout<<"void Foo()"<<endl;
}
int Foo()
{
    cout<<"int Foo()"<<endl;
    return 0;
}
void main()
{
    Foo();
}
```

위의 예를 보면 두 개의 함수는 리턴 형식을 제외한 나머지 부분에서 모두 같습니다. 함수를 호출하면 리턴 값을 반드시 사용해야 하는 것이 아니므로 리턴 형식만 다른 경우에는 함수 중복 정의를 할 수 없습니다.

```
#include <iostream>
using std::cout;
using std::endl;

void Foo( )
{
    cout<<"void Foo( )"<<endl;
}
int Foo( )
{
    cout<<"int Foo( )"<<endl;
    return 0;
}
void main( )
{
    Foo( );
}
```

1	error C2556: 'int Foo(void)' : 오버로드된 함수가 'void Foo (void)'과(와) 반환 형식만 다릅니다.	program.cpp	10
2	error C2371: 'Foo' : 재정의. 기본 형식이 다릅니다.	program.cpp	10
3	error C3861: 'Foo': 식별자를 찾을 수 없습니다.	program.cpp	16

[그림 1.6]

[그림 1.6]을 보면 알 수 있듯이 반환 형식만 다른 경우 함수 중복 정의가 되지 않음을 알 수 있고 함수 이름 연결도 안 된다는 것을 알 수 있습니다. 이 외에도 함수 호출부에 있는 코드를 어느 함수로 연결(함수 name mangling)할지 판단하기 모호한 경우에도 에러가 발생합니다.

입력 매개 변수 리스트 중에 value인지 Reference인지만 다른 경우도 함수 이름 연결이 모호함

```
#include <iostream>
using std::cout;
using std::endl;
void Foo(int &a)
{
    cout<<"void Foo(int &a)"<<endl;
}
void Foo(int a)
{
    cout<<"void Foo(int a)"<<endl;
}
void main()
{
    int a=0;
    Foo(3);
    Foo(a);
}
```

예제 코드에서 Foo(a); 호출 구문을 제외해서 컴파일하면 아무런 오류도 발생하지 않습니다. 하지만 이를 포함하면 모호하다는 오류를 발생시킵니다. 결론적으로, 위의 예제에서 void Foo(int &a)를 호출할 방법이 없습니다. 함수를 정의만 하고 호출 구문이 없이 컴파일할 수 있다고 끝난 것이 아닙니다. 사용할 수 없는 함수를 정의하는 것은 아무런 의미도 없어서 위의 경우도 잘못된 함수 중복 정의라 할 수 있습니다.

마지막으로 묵시적 형 변환 연산 우선순위가 같은 경우에 함수 이름 연결에서 모호하다는 오류가 발생합니다. 예를 들어 int형의 경우 unsigned int 형과 long형과의 묵시적 형 변환이 가능한데 묵시적 형 변환 우선순위가 같습니다. 이렇게 세세한 문법을 모두 기억할 수 있으면 좋겠지만, 여러분이 프로그래밍하면서 사용하는 형식에 대해 위배하지 않으려고 노력한다면 큰 문제가 없을 것으로 생각합니다.

```
#include <iostream>
using std::cout;
using std::endl;
void Foo(unsigned int a)
{
    cout<<"void Foo(unsigned int a)"<<endl;
}
void Foo(long a)
{
    cout<<"void Foo(long a)"<<endl;
}
void main()
{
    int a=0;
    Foo(a);
}
```

1 error C2668: 'Foo' : 오버로드된 함수에 대한 호출이 모호합니다. program.cpp 15

[그림 1.7]

- 디폴트 매개 변수

C++언어에서는 특정 함수를 호출할 때 사용하는 입력 매개 변수의 값이 대부분 같은 값을 전달하는 경우 디폴트 매개 변수를 사용할 수 있습니다.

디폴트 매개 변수의 사용 예

```
#include <iostream>
using std::cout;
using std::endl;

double CalculateArea(double radius, double radian=3.14)
{
    return radius*radius*radian;
}

void main()
{
    cout<<"반지름이 3인 원의 넓이:";
    cout<<CalculateArea(3)<<endl;
    cout<<"반지름이 3인 반원의 넓이:";
    cout<<CalculateArea(3,3.14/2)<<endl;
}
```

```
C:\Windows\system32\cmd.exe
반지름이3인원의넓이:28.26
반지름이3인반원의넓이:14.13
```

[그림 1.8]

위의 CalculateArea함수는 반지름과 부채꼴의 중심 각에 대한 radian을 인자로 받아 넓이를 구하는 함수입니다. 두 번째 입력 매개 변수의 디폴트 값을 3.14로 지정하였는데 이 경우 두 번째 입력 매개 변수를 전달하지 않으면 디폴트 값을 사용하게 됩니다. 물론, 특별한 인자 값을 전달하면 해당 값을 사용하게 됩니다.

- 매개 변수명이 없는 입력 매개 변수

C++에서 함수 중복이 가능하다는 것은 위에서 이미 언급한 바가 있습니다. 그런데 경우에 따라서 메서드 명을 같게 부여하고 싶은데 입력 인자가 같다면 어떻게 해야 할까요? C++언어에서는 이 같은 경우에 두 개의 함수를 구분하기 위해 매개 변수명이 없는 입력 매개 변수를 사용할 수 있습니다. 물론, 호출하는 곳에서는 피 호출함수에 값이 전달되어 사용되지는 않지만, 호출 시 이에 대한 값도 반드시 넣어야 합니다.

매개 변수 명이 없는 입력 매개 변수 사용 예

```
#include <iostream>
using std::cout;
using std::endl;

int CalculateArea(int width,int height)
{
        return width*height;
}
int CalculateArea(int width,int height,bool)
{
        return width*height/2;
}

void main()
{
   cout<<"사각형 넓이:";
   cout<<CalculateArea(3,4)<<endl;
   cout<<"삼각형 넓이:";
   cout<<CalculateArea(3,4,false)<<endl;
}
```

```
C:\Windows\system32\cmd.exe
사각형넓이:12
삼각형넓이:6
```

[그림 1.9]

- namespace

C++언어는 1988년에 만들어진 이후에 계속해서 새로운 문법이 추가되고 있습니다. 이렇게 추가된 문법 중의 하나가 namespace인데 이를 이용하면 같은 이름의 형식이나 개체 등이 정의된 여러 라이브러리 중에 원하는 부분을 선별적으로 사용할 수 있습니다. 가령, ALib와 BLib에 Stack과 Queue라는 사용자 형식을 제공하고 있는데 ALib에 있는 Stack과 Queue를 사용한다고 가정해 봅시다. 만약 namespace로 구분되어 있지 않다면 ALib를 추가하고 BLib를 추가를 하면 같은 이름이 사용자 형식이 정의되어 있어 컴파일 오류가 발생합니다. 이러한 문제점을 위해 C++에서는 namespace문법이 추가되었습니다.

이에 대해 살펴보기 위해 다음의 예를 들어보기로 하겠습니다.

namespace를 이용하는 예1

```
namespace ALib
{
    class Stack
    {
        //...중략...
    };
    class Queue
    {
        //...중략...
    };
};

namespace BLib
{
    class Stack
    {
        //...중략...
    };
    class Queue
    {
        //...중략...
    };
};

using namespace ALib;
void main()
{
    Stack stack1;
    BLib::Stack stack2;
}
```

예제 코드를 보면 namespace ALib 내부에 Stack과 Queue가 정의되어 있고 namesapce BLib 내부에 Stack과 Queue가 정의되어 있습니다. 이 같은 경우에 Stack과 Queue가 namespace내에 정의되어 있어 이름 충돌이 나지 않습니다. 이 때 특정 namespace 내에 있는 이름을 사용하고자 한다면 using namespace ALib; 와 같이 명시할 수 있습니다. 이 경우에는 Stack stack1; 처럼 ALib를 명시하지 않아도 ALib내부에 있는 Stack을 사용하게 됩니다. 그리고 BLib::Stack처럼 namespace 이름과 스코프 연산자(::)를 사용하여 이름 충돌을 막을 수도 있습니다.

그런데 만약 ALib의 Stack과 BLib에 Queue를 간편하게 사용하려면 어떻게 해야 할까요? 다음의 예를 살펴보시기 바랍니다.

namespace를 이용하는 예2

```
namespace ALib
{
    class Stack
    {
        //...중략...
    };
    class Queue
    {
        //...중략...
    };
};
namespace BLib
{
    class Stack
    {
        //...중략...
    };
    class Queue
    {
        //...중략...
    };
};
using ALib::Stack;
using BLib::Queu;
void main()
{
    Stack stack;
    Queue queue;
}
```

02

캡슐화

2. 1 캡슐화란?

이번 장부터 C++의 클래스에 관한 얘기가 시작됩니다. 클래스에 대해 문법을 효과적으로 이해하고 사용하기 위해서는 OOP(Object Oriented Programming, 개체 지향 프로그래밍)의 특징을 잘 인지하여야 합니다. 개체 지향 프로그래밍(많은 곳에서 개체를 객체라 부르고 있습니다. 여러분이 MSDN을 통해 학습을 하다 보면 객체로 번역하지 않고 개체로 번역된 것을 보게 됩니다. 이 책에서는 MSDN에 번역된 것처럼 개체라고 부르겠습니다.)

OOP의 특징을 얘기할 때 많은 이들이 OOP의 세 가지 기둥을 얘기합니다. OOP의 세 가지 기둥에는 캡슐화와 상속, 다형성이 있습니다. 이 중에 캡슐화는 여러 개의 멤버를 하나의 형식으로 묶어서 정의하는 것을 말합니다. 예를 들어, 학생 관리 프로그램에서 학생 번호, 학생 이름, 학생이 공부하다, 학생이 잠자다 등을 학생이라는 형식으로 정의하는 것을 들 수 있습니다.

2. 2 캡슐화의 대상

C언어에서는 구조체와 공용체를 이용하여 사용자 형식을 정의합니다. 그리고 C언의 구조체와 공용체에서는 멤버 변수만 캡슐화가 가능하였습니다. C++언어에서는 캡슐화할 수 있는 대상이 멤버 필드(멤버 변수라고도 부름)외에도 멤버 메서드(멤버 함수라고도 부름)를 캡슐화 할 수 있습니다. 또한 C언어에서는 모든 멤버들이 어디에서나 접근이 가능하였지만 C++언어에서는 멤버들에 대한 접근 지정자를 통해 접근할 수 있는 가시성을 다르게 지정할 수 있습니다. 접근 지정자를 통해 가시성을 차별화함으로써 내부에 중요한 멤버의 접근을 차단하여 정보 은닉을 통해 신뢰성을 높일 수 있습니다.

접근 지정자는 해당 형식에서만 가시성이 있는 private, 모든 곳에서 가시성이 있는 public, 해당 형식과 파생된 형식에서 가시성이 있는 protected가 있습니다. 참고로 구조체는 접근 수준을 명시하지 않으면 모든 곳에서 접근 가능한 public 수준이 되고 클래스는 디폴트로 해당 형식에서만 접근 가능한 private 수준이 됩니다. protected에 대한 문법은 기반 클래스에서 파생 클래스로 상속을 다루는 일반화 관계에서 다루도록 하겠습니다.

C++에서 캡슐화 할 수 있는 멤버의 종류에는 멤버 필드와 멤버 메서드가 있습니다. 그리고 생성된 개체를 통해서만 접근이 가능한 개체의 멤버(인스턴스의 멤버 혹은 비정적 멤버라고도 부름)와 클래스 이름을 통해 접근이 가능한 클래스의 멤버(정적 멤버라고도 부름)가 있습니다. 또한 변경 가능 여부에 따라 상수화 멤버, 비상수화 멤버로 나누기도 합니다.

2.2.1 접근 지정자

C언어의 구조체는 모든 곳에서 모든 멤버를 접근할 수 있습니다. 이러한 특징으로 인해 잘 정의된 함수를 이용하여 구현하기로 약속하였음에도 불구하고 직접 멤버를 사용하는 경우가 발생합니다. 예를들어 학생 구조체에 멤버 변수 iq가 있고 공부를 하면 특정 범위까지 iq가 올라가게 프로그래밍을 한다고 가정합시다. 이를 위해 다음과 같이 Stu.h와 Stu.c에 학생 구조체를 정의하고 학생이 공부하는 함수를 정의를 하였습니다.

Stu.h - Stu의 iq가 최대 200까지 올라갈 수 있음

```
typedef struct Stu  Stu;
#pragma once
#include <malloc.h>
#define MAX_IQ    200
#define DEF_IQ     100
struct Stu
{
    int iq;
    int num;
};
void Study(Stu *stu,int tcnt);
```

Stu.c - Study 함수에서 tcnt만큼 iq를 증가시킴. 단, 최대 IQ를 벗어날 수 없게 작성하였음

```
#include "Stu.h"
void Study(Stu *stu,int tcnt)
{
    stu->iq += tcnt;
    if(stu->iq > MAX_IQ)
    {
        stu->iq = MAX_IQ;
    }
}
```

이 경우에 학생을 사용하는 곳에서 Study함수를 이용한다면 학생의 iq는 최대값을 벗어나지 않습니다. 하지만 사용하는 곳에서는 학생의 iq를 직접 접근할 수 있기 때문에 제공하는 Study함수를 이용하지 않고 직접 iq를 변경할 수도 있습니다. 다음은 Study함수를 사용하지 않고 직접 iq를 변경하는 예제 코드입니다. 결국 버그가 있는 프로그램을 만든 것입니다.

Program.c - Stu의 멤버 필드 iq를 직접 변경함. 최대 값을 벗어나는 버그 발생!!!

```
#include "Stu.h"
void main()
{
    Stu stu={1,100};
    stu->iq += 200;
}
```

C++언어에서는 멤버들에 대한 접근 지정을 설정할 수 있습니다. 접근 지정자를 통해 직접 접근을 허용할 멤버와 허용하지 않을 멤버를 구분함으로써 신뢰성을 높이게 됩니다.

다음의 예를 보면 Stu클래스 내에 iq의 접근성은 디폴트로 하고 나머지 멤버는 public으로 지정하였습니다. 클래스의 경우 디폴트 접근성은 private이기 때문에 iq의 접근성은 private이 되어 Stu 클래스내에서만 접근이 가능하고 다른 곳에서는 접근할 수가 없게 됩니다.

Stu.h - 멤버 필드 iq의 접근성을 private로 설정하고 Study 메서드의 접근성을 public으로 설정

```
#pragma once
#define MAX_IQ    200
#define DEF_IQ    100
class Stu
{
    int num;
    int iq;
public:
    Stu(int _num);
    void Study(int tcnt);
    ~Stu(void);
};
```

Stu.cpp - Study 메서드에서 공부한 시간만큼 iq를 증가. 단, 최대 IQ를 벗어나지 못하게 구현

```
#include "Stu.h"
Stu::Stu(int _num)
{
    num = _num;
    iq = DEF_IQ;
}
void Stu::Study(int tcnt)
{
    iq += tcnt;
    if(iq>MAX_IQ)
    {
        iq = MAX_IQ;
    }
}
Stu::~Stu(void)
{
}
```

Program.cpp - 사용자가 가시성이 없는 iq에 직접 대입하는 코드를 작성함.

```
#include "Stu.h"
void main()
{
    Stu *stu = new Stu(10);
    stu->iq += 200;
    delete stu;
}
```

C++에서는 이와 같이 액세스 지정자를 무시하고 접근하였을 때 오류를 발생시킴으로써 신뢰성없는 코드를 수정하도록 도와줍니다.

```
#include "Stu.h"

void main()
{
    Stu *stu = new Stu(2,"홍길동");
    stu->iq = 100;
    delete stu;
}
```

1 error C2248: 'Stu::iq' : private 멤버('Stu' 클래스에서 선언)에 액세스할 수 없습니다. program.cpp 6

[그림 2.1]

[그림 2.1]과 같이 Stu형식이 아닌 main함수에서 private으로 접근 지정된 멤버에 접근하려고 하면 컴파일 오류가 발생합니다. 물론 어떤 멤버를 private으로 지정하고 어떤 멤버를 public으로 지정해야 할 것인지에 대한 결정은 모두 개발자의 몫입니다. 습관적으로 멤버 필드는 private으로 접근 지정하고 이에 대한 값을 얻어오거나 설정, 변경이 필요한 경우에는 멤버 메서드를 정의하여 해당 메서드의 접근 지정을 필요한 수준으로 지정한다면 보다 신뢰성있는 프로그램을 작성할 수 있을 것입니다.

그리고 C++에서 지정할 수 있는 접근 지정자는 public, protected, private이 있습니다. 여러분이 알고 있듯이 public은 모든 곳에서 접근이 가능하며 private은 해당 형식에서만 접근이 가능합니다. protected는 해당 형식과 파생된 형식에서 접근이 가능합니다. 이에 대한 부분은 일반화 관계에 대한 주제를 다루면서 자연스럽게 얘기가 나오므로 여기서는 설명을 생략하도록 하겠습니다.

2.2.1 멤버 메서드

이번에는 멤버 메서드에 대해서 알아보기로 합시다. C++언어에서 사용자가 형식을 정의할 경우 멤버 필드와 멤버 메서드를 캡슐화할 수 있다고 하였습니다. 멤버 메서드를 캡슐화를 할 경우 메서드에서 수행할 코드를 정의하는 것은 클래스 정의문 내에서 할 수도 있고 클래스 정의문 외부에서도 할 수 있습니다.

클래스 내부에 메서드에서 수행할 코드를 정의한 예

```
class Stu
{
public:
    void Study()
    {
        cout<<"공부하다."<<endl;
    }
};
```

클래스 외부에 메서드에서 수행할 코드를 정의한 예

```
class Stu
{
public:
    void Study();
};

void Stu::Study()
{
    cout<<"공부하다."<<endl;
}
```

멤버 메서드에는 이미 이름이 정해진 메서드들도 있는데 대표적인 것이 생성자와 소멸자입니다. 생성자는 형식 이름과 같은 메서드를 말하며 소멸자는 ~와 형식 이름으로 된 메서드를 말합니다. 생성자와 소멸자에 대해서는 밑에서 자세히 다루도록 하겠습니다.

```
class Stu
{
   ...중략...
public:
      Stu(); //생성자
      ~Stu(void); //소멸자
};
```

- 생성자

C++에서 특정 클래스 형식의 개체 인스턴스를 생성할 때 new 연산자를 사용합니다. new 연산자에서는 요청하는 형식의 개체를 위해 메모리를 할당하고 가상 함수 테이블을 형성하는 등의 초기 작업을 수행한 후에 생성자 메서드를 수행하고 생성된 개체의 메모리 주소를 반환합니다. 만약, 사용자가 생성자 메서드를 정의하지 않는다면 개체의 메모리를 할당하고 가상 함수 테이블을 형성하는 등의 초기 작업을 수행한 후 해당 개체의 메모리 주소를 반환하는데 이러한 작업을 수행하는 것을 디폴트 기본 생성자라고 합니다. 하지만 사용자가 생성자 메서드를 정의하면 디폴트 기본 생성자는 형성되지 않게 됩니다. 이러한 이유로 사용자가 입력 매개 변수가 있는 생성자를 정의했을 때 입력 인자를 전달하지 않고 개체를 생성하려고 하면 컴파일 에러가 발생합니다.

Stu.h - 사용자가 생성자를 명시하지 않음

```
#pragma once
#include <iostream>
using std::cout;
using std::endl;
class Stu
{
public:
    void Study();
};
```

Stu.cpp - Stu 클래스 정의와 동일하게 구체적인 구현에서도 생성자와 메서드를 명시하면 안 됨

```
#include "Stu.h"
void Stu::Study()
{
    cout<<"Stu::Study()"<<endl;
}
```

Program.cpp - 사용 예

```
#include "Stu.h"
void main()
{
    Stu *stu = new Stu();
    stu->Study();
    delete stu;
}
```

예제와 같이 사용자가 생성자를 정의하지 않으면 컴파일러에 의해 자동으로 디폴트 기본 생성자가 만들어지게 됩니다. 하지만 사용자가 생성자 메서드를 하나로도 정의하면 디폴트 기본 생성자는 만들어지지 않습니다. 예를 들어, 입력 매개 변수가 있는 생성자를 정의를 하였을 때 인자를 전달하지 않고 개체를 생성하려고 하면 오류가 발생됩니다. 사용자에 의해 생성자를 정의하면 디폴트 기본 생성자는 자동으로 만들어지지 않기 때문입니다.

Stu.h - 입력 매개 변수가 string인 생성자를 명시

```
#pragma once
#include <string>
using std::string;
class Stu
{
    string name;
public:
    Stu(string _name);
};
```

Stu.cpp - Stu 클래스 정의와 동일하게 매개 변수가 string인 생성자 구현

```
#include "Stu.h"
Stu::Stu(string _name)
{
    name = _name;
}
```

```
void main( )
{
    Stu *s = new Stu( );
    delete s;
}
```

1 error C2512: 'Stu' : 사용할 수 있는 적절한 기본 생성자가 없습니다. stub.cpp 42

[그림 2.2]

[그림 2.2]를 보면 인자를 넣지 않고 개체를 생성하려고 할 때 기본 생성자가 없다는 오류를 발생합니다. 이미 Stu에는 사용자가 정의한 생성자가 있어서 컴파일러에 의해 디폴트 기본 생성자를 자동으로 만들어주지 않기 때문입니다.

그리고 생성자는 중복 정의가 가능한 메서드입니다. 다음의 예를 살펴보세요.

Stu.h – 생성자를 중복 정의

```
#pragma once
#include <iostream>
#include <string>
using namespace std;
class Stu
{
    int num;
    string name;
    string addr;
public:
    Stu(int _num, string _name);
    Stu(int _num, string _name, string _addr);
    void View();
};
```

Stu.cpp - 구현

```
#include "Stu.h"
Stu::Stu(int _num, string _name)
{
    num = _num;
    name = _name;
    addr = "입력을 하지 않았음";
}
Stu::Stu(int _num, string _name, string _addr)
{
    num = _num;
    name = _name;
    addr = _addr;
}
void Stu::View()
{
    cout<<"번호:"<<num<<" 이름:"<<name<<endl;
    cout<<"주소:"<<addr<<endl;
}
```

Demo.cpp - 데모 소스

```
#include "Stu.h"
void main()
{
    Stu *s1 = new Stu(3,"홍길동");
    Stu *s2 = new Stu(1,"강감찬","애월읍 고내리");
    s1->View();
    s2->View();
    delete s2;
    delete s1;
}
```

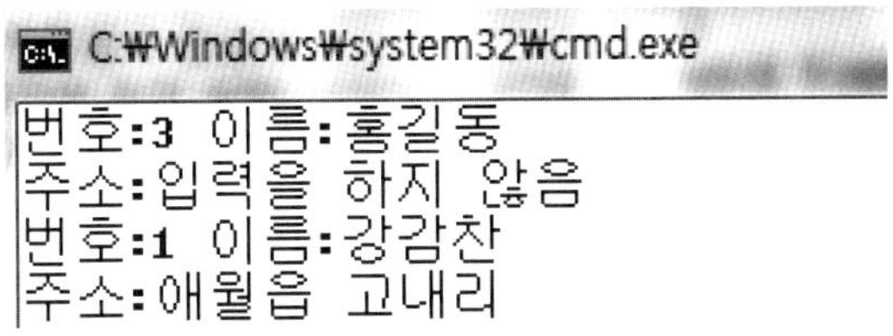

```
C:\Windows\system32\cmd.exe
번호:3 이름:홍길동
주소:입력을 하지 않음
번호:1 이름:강감찬
주소:애월읍 고내리
```

[그림 2.3]

[그림 2.3]을 보시면 생성자를 중복 정의하였을 때 사용자가 전달한 인수에 적절한 생성자 메서드가 호출되는 것을 확인할 수 있습니다.

매개 변수가 있는 생성자 중에서 다른 개체를 인자로 전달받아 복사된 개체를 생성하는 복사 생성자가 있습니다. 개발자가 복사 생성자를 정의하지 않으면 컴파일러는 디폴트 복사 생성자를 만들어줍니다. 디폴트 복사 생성자에서는 입력 인자로 전달된 개체의 메모리를 덤핑하여 생성하는 개체의 메모리에 복사하는 작업을 수행합니다. 즉 새로 생성되는 개체는 입력 개체와 같은 값들을 갖는 개체가 생성되는 것입니다.

Stu.h

```
#pragma once
#include <iostream>
#include <string>
using namespace std;
class Stu
{
    string name;
public:
    Stu(string _name);
    void View();
};
```

Stu.cpp - 구현

```
#include "Stu.h"
Stu::Stu(string _name)
{
    name = _name;
}
void Stu::View()
{
    cout<<" 이름:"<<name<<endl;
}
```

Demo.cpp - 데모 소스

```
#include "Stu.h"
void main()
{
    Stu s1("홍길동");
    Stu s2(s1);
    Stu *s3 = new Stu(s1);
    s2.View();
    s3.View();
}
```

데모 소스에서 Stu s2(s1);와 Stu *s3= new Stu(s1);처럼 다른 개체를 입력인자로 전달하여 개체를 생성하면 복사 생성자가 호출됩니다. 예제에서 Stu 클래스에 복사 생성자를 정의하지 않았으므로 컴파일러는 디폴트 복사 생성자를 만들어줍니다. [그림 2.4]를 보면 디폴트 복사 생성자에서는 생성되는 개체의 멤버 필드의 값을 입력 인자로 전달된 개체와 같게 만들어 주는 것을 알 수 있습니다.

```
C:\Windows\system32\cmd.exe
번호:2 이름:홍길동
번호:2 이름:홍길동
계속하려면 아무 키나 누르십시오 . . .
```

[그림 2.4]

개발자가 복사 생성자를 정의를 할 경우에는 입력 인자의 형식은 const 클래스명 & 로 하시면 됩니다. 입력 인자로 전달된 개체정보를 변경하지 말아야 하므로 const로 지정한 것입니다. 그리고 입력 인자로 전달된 개체 자체가 전달되어야 하므로 레퍼런스 변수로 받습니다.

Stu.h - 개발자가 복사 생성자를 정의

```
#pragma once
#include <iostream>
#include <string>
using namespace std;
class Stu
{
    int num;
    string name;
public:
    Stu(int _num, string _name);
    Stu(const Stu &stu);
    void View();
};
```

Stu.cpp - 구현

```
#include "Stu.h"
Stu::Stu(int _num, string _name)
{
    num = _num;
    name = _name;
}
Stu::Stu(const Stu &stu)
{
    cout<<"복사 생성자 수행됨"<<endl;
    num = stu.num;
    name = stu.name;
}
void Stu::View()
{
    cout<<"번호:"<<num<<" 이름:"<<name<<endl;
}
```

Demo.cpp - 데모 소스

```
#include "Stu.h"
void main()
{
    Stu s1("홍길동");
    Stu s2(s1);
    s2.View();
}
```

```
C:\Windows\system32\cmd.exe
복사 생성자 수행됨
번호:2 이름:홍길동
계속하려면 아무 키나 누르십시오 . . .
```

[그림 2.5]

이번에는 어떠한 경우에 복사 생성자가 수행되는지에 대해 살펴봅시다. 복사 생성자는 다른 개체를 인자로 전달받아 개체를 복사하여 생성하는 경우에 수행이 됩니다. 좀 더 구체적으로 살펴보면 new 연산자를 통해 개체를 생성할 때 입력 인자로 생성할 개체와 동일한 형식의 개체를 전달할 경우, 변수 선언 시에 입력 인자로 변수의 형식과 동일한 형식으로 초기화할 경우, 함수 호출 시에 개체를 전달할 경우, 함수 반환 시에 개체를 반환할 경우를 들 수 있습니다.

다음의 데모 소스는 앞에서 사용한 데모 소스만 변경한 것입니다. 의도적으로 Test함수의 리턴 결과를 받지 않았습니다. 리턴 결과를 받는 과정에서 복사 생성자가 호출되는 것이 아니라 리턴하는 과정에서 복사 생성자가 호출되는 것을 보여주기 위해서입니다. 수행 결과인 [그림 2.6]을 함께 보시기 바랍니다.

Demo.cpp - 데모 소스

```
#include "Stu.h"
Stu Test(Stu s);
void main()
{
    Stu s1(2,"홍길동");
    cout<<"main-Stu s2(s1);"<<endl;
    Stu s2(s1);
    cout<<"main-Stu *s3 = new Stu(s1);"<<endl;
    Stu *s3 = new Stu(s1);
    cout<<"main-Test(s1);"<<endl;
    Test(s1);
    cout<<"main - }"<<endl;
}
Stu Test(Stu s)
{
    cout<<"Test - return s;"<<endl;
    return s;
}
```

```
C:\Windows\system32\cmd.exe
main-Stu s2(s1);
복사 생성자 수행됨
main-Stu *s3 = new Stu(s1);
복사 생성자 수행됨
main-Test(s1);
복사 생성자 수행됨
Test - return s;
복사 생성자 수행됨
main - }
계속하려면 아무 키나 누르십시오 . . .
```

[그림 2.6]

이번에는 어떠한 경우에 개발자가 복사 생성자를 정의를 해야 하는지에 대해 알아보기로 합시다. 디폴트 생성자에서는 단순히 메모리를 덤핑하여 복사한다는 것은 앞에서 설명을 드렸습니다. 그럼에도 불구하고 개발자가 복사 생성자를 생성해야 하는 경우가 발생합니다. 여러가지 경우가 있지만 대표적인 경우가 개체 내부에 동적으로 다른 개체를 가지고 있을 경우입니다. 예를 들어 학생 개체가 책을 소유할 수 있게 정의한다고 가정합시다. 학생 A가 책1을 가지고 있고 학생 A를 입력 인자로 학생 B를 복사 생성한다고 하면 학생 B도 같은 책1을 가지게 됩니다. 큰 문제가 없을 것이라 생각이 되지만 두 학생이 가지고 있는 책은 다른 책이 아니라 같은 책으로 실제로 하나의 책만 있는 것입니다. 이 경우에 학생 A가 자신의 책의 내용을 변경하였을 경우에 학생 B가 가지고 있는 책의 내용도 변경이 됩니다. 두 명의 학생이 가지고 있는 책은 다른 개체가 아니라 같은 개체이기 때문입니다. 그리고 학생 A에서 책을 소멸시키면 학생 B에서는 이미 소멸된 책을 갖고 있게 됩니다. 이미 메모리에서 해제된 개체를 접근하는 것이기 때문에 심각한 버그가 될 수 있겠죠.

다음은 이러한 문제점에 대해 살펴볼 수 있는 예제 코드입니다. Stu 클래스에 개발자가 복사 생성자를 정의하지 않았기 때문에 디폴트 복사 생성자가 만들어 질 것입니다. 이 경우에 어떠한 문제점이 있는지 살펴보시기 바랍니다.

Book.h

```
#pragma once
#include <iostream>
#include <string>
using namespace std;
class Book
{
    string title;
    string memo;
public:
    Book(string _title);
    void SetMemo(string _memo);
    void View();
};
```

Book.cpp

```
#include "Book.h"
Book::Book(string _title)
{
    title = _title;
    memo = "";
}
void Book::SetMemo(string _memo)
{
    memo = _memo;
}
void Book::View()
{
    cout<<"제목:"<<title<<" 메모:"<<memo<<endl;
}
```

Stu.h

```
#pragma once
#include "Book.h"
class Stu
{
    string name;
    Book *book;
public:
    Stu(string _name);
    void SetBook(Book *_book);
    void Study();
    void View();
};
```

Stu.cpp

```
#include "Stu.h"
Stu::Stu(string _name)
{
    name = _name;
    book = 0;
}
void Stu::SetBook(Book *_book)
{
    book = _book;
}
void Stu::Study()
{
    if(book)    {    book->SetMemo("끄적끄적");    }
}
void Stu::View()
{
    cout<<"이름:"<<name<<endl;
    if(book)    {    book->View();    }
    else    {        cout<<"소유한 책이 없음"<<endl;    }
}
```

Demo.cpp - 데모 소스

```
#include "Stu.h"
void main()
{
    Stu s1("홍길동");
    s1.SetBook(new Book("Escort C++"));
    Stu s2(s1);
    s2.Study();
    s1.View();
}
```

```
C:\Windows\system32\cmd.exe
이름:홍길동
제목:Escort C++ 메모:끄적 끄적
계속하려면 아무 키나 누르십시오 . . .
```

[그림 2.7]

- 소멸자

C++은 Java나 C#과 달리 플랫폼에서 개체들을 관리(Managed)하지 않습니다. 물론, 여기서 얘기하는 C++은 Native 기반의 C++을 얘기를 하는 것이며 .NET에서 개발하는 Managed C++을 얘기하는 것이 아닙니다. 플랫폼에서 관리하는 개체를 관리화(Managed) 개체라고 하는데 이들은 소멸에 관한 책임이 개발자에게 부여하지 않고 플랫폼이 해당 개체를 참조하는 변수가 있는지를 플랫폼이 조사합니다. 이러한 조사(세대 조사)를 통해 참조되지 않는 개체들은 플랫폼의 가비지 수집할 때 수집 대상이 되는 형태로 관리가 되기 때문에 개발자가 소멸에 관한 책임이 적습니다. 이들과 달리 C++에서는 생성되는 개체는 관리화 개체가 아니므로 개발자가 소멸에 관한 책임을 져야 합니다.

소멸자도 생성자와 마찬가지로 사용자가 직접 호출하기 위해 작성하는 것이 아니라 delete 연산자를 사용하면 해당 형식의 소멸자 메서드가 가동이 됩니다. 만약, 사용자가 정의한 형식에 소멸자 메서드를 정의하지 않으면 디폴트 소멸자가 만들어지는데 여기에서는 자기 자신에게 할당한 메모리를 반납하는 작업을 수행합니다.

그렇다면 어떨 때 사용자가 소멸자 메서드를 정의해야 할까요? 형식을 정의하다 보면 개체 내부에서 다른 개체를 동적으로 생성해서 관리하는 경우가 발생합니다. 이 같은 경우에 디폴트 소멸자에서는 내부에서 생성한 다른 개체를 소멸하지 않습니다. 만약, 사용자가 소멸자를 정의하지 않으면 내부에서 생성한 개체 때문에 메모리 누수가 생기게 됩니다. 이처럼 개체 내부에서 다른 개체를 동적으로 생성해서 관리하면 사용자가 소멸자 메서드를 정의하여 해당 개체를 소멸하는 코드를 작성하여 메모리 누수를 막는 것이 개발자의 책임입니다. 소멸자도 생성자처럼 리턴 형식은 개발자가 명시할 수 없게 되어 있으며 생성자와 다르게 중복 정의를 허용하지 않습니다.

Head.h - Head 클래스 정의로 Animal에 포함될 형식

```
#pragma once
#include <iostream>
using std::cout;
using std::endl;
class Head
{
public:
    Head();
    virtual ~Head();
};
```

Head.cpp - Head 클래스 구현

```
#include "Head.h"
Head::Head(void)
{
    cout<<"Head 생성자"<<endl;
}
Head::~Head(void)
{
    cout<<"Head 소멸자"<<endl;
}
```

Animal.h - 내부에 Head형식의 개체를 위한 멤버 필드가 있음

```
#pragma once
#include "Head.h"
class Animal
{
    Head *head;
public:
    Animal(void);
    ~Animal(void);
};
```

Animal.cpp - Animal 생성자에서 동적으로 생성한 개체를 소멸자 메서드에서 소멸의 책임을 지고 있음

```
#include "Animal.h"
Animal::Animal(void)
{
    cout<<"Anmail 생성자"<<endl;
    head = new Head();
}
Animal::~Animal(void)
{
    delete head;
    cout<<"Animal 소멸자"<<endl;
}
```

Program.cpp - 데모

```
#include "Animal.h"
void main()
{
    Animal *animal = new Animal();
    delete animal;
}
```

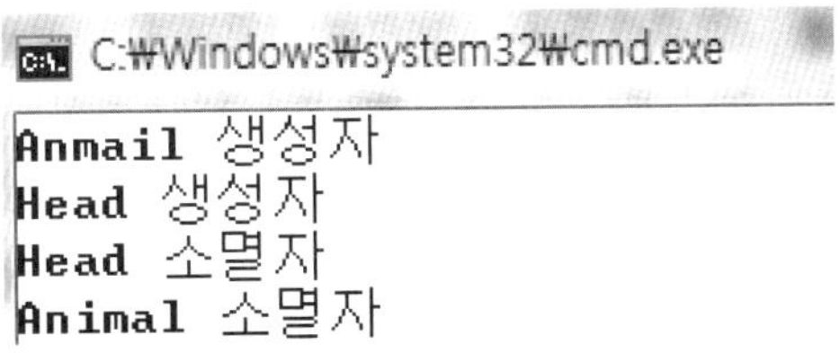

```
C:\Windows\system32\cmd.exe
Anmail 생성자
Head 생성자
Head 소멸자
Animal 소멸자
```

[그림 2.8]

개발자가 이처럼 소멸에 관한 책임을 지는 것은 좋은 습관을 갖고 있지 않으면 그냥 지나칠 수 있습니다. 프로그램에서 생성한 메모리에 대해 소멸을 하지 않는다고 해서 프로그램이 터지지는 않습니다. 하지만, 서버 프로그램처럼 상주하는 프로세스에서 개체의 생성은 하고 소멸을 하지 않는다면 메모리가 부족하게 되어 먹통이 될 수 있습니다. 개체를 생성하는 코드를 작성할 때 소멸에 대한 코드를 같이 작성하는 습관을 기르십시오.

2.2.3 개체의 멤버와 형식의 멤버

캡슐화된 멤버의 종류를 나누는 기준은 여러 기준이 있을 수 있습니다. 그중에 하나가 해당 멤버가 개체의 멤버인지 혹은 형식의 멤버인지로 구분을 할 수가 있습니다. 이러한 기준으로 구분할 때 형식의 멤버를 정적(static) 멤버라 부르고 개체의 멤버를 비 정적 멤버라 부릅니다.

C++에서 정적 멤버는 형식 정의 내에서 해당 멤버를 static 키워드를 붙여 명시해야 합니다. static 키워드가 붙여 명시된 정적 멤버들은 개체에 종속적인 멤버가 아닌 형식에 종속적인 멤버가 됩니다. 예를 들어, 학생을 생성할 때 학생의 일련번호를 차례대로 부여한다고 할 때 학생의 일련번호는 각각의 학생마다 별도로 유지가 되어야 할 것입니다. 하지만 이번에 생성할 학생에게 어떠한 일련번호를 부여할 것인지는 각각의 학생 개체들에 보관하는 것이 아니라 학생 형식 스코프 내에 유일해야 할 것입니다. 심지어 학생 개체가 없다고 해도 이는 존재하게 됩니다.

아래의 예제 코드를 보고 다시 한 번 생각해 봅시다. 종종 말이나 글로 설명을 듣고 보는 것보다 예를 보는 것이 더 많은 것을 느끼는 경우가 있습니다. 한 번 Look & Feel 하시고 다시 한 번 살펴보시기 바랍니다.

Stu.h

```
#pragma once

class Stu
{
    int num;
    static int last_num; //정적 멤버 필드
public:
    Stu(void);
    int GetNum();
    static int GetLastNum(); //정적 멤버 메서드
};
```

정적 멤버는 형식 정의를 할 때 멤버 앞에 static 키워드를 명시해야 합니다. 위의 Stu.h를 보면 last_num 멤버 필드와 GetLastNum 멤버 메서드는 정적 멤버가 됩니다. 여기에서 last_num은 가장 최근에 생성한 학생 번호를 보관하며 GetLastNum에서는 last_num을 1 증가시키고 증가한 값을 반환함으로써 새로 생성되는 학생의 번호를 부여하는 역할을 할 것입니다.

이 중에 정적 멤버 필드는 개체에 종속적이지 않기 때문에 개체가 생성된다고 해당 멤버 필드를 위해 메모리가 할당되지 않습니다. 이와 같은 정적 멤버 필드는 CPP소스 파일에 반드시 선언문이 있어야 합니다. 그리고 정적 멤버를 소스 파일(CPP 파일)에서 구체적으로 선언 및 정의를 할 때에는 static 키워드를 생략합니다. 다음의 구현 예를 살펴보시기 바랍니다.

```
Stu.cpp
#include "Stu.h"
int Stu::last_num;  //static 멤버 필드는 멤버 필드 선언을 해야 함, 선언문에서 static 키워드 사용 안 함
Stu::Stu(void)
{
    last_num++;
    num = last_num;
}
int Stu::GetNum()
{
    return num;
}
int Stu::GetLastNum()  //static 멤서 메서드 구현 정의에서는 static 키워드 사용 안 함
{
    return last_num;
}
```

그리고 이처럼 정의된 Stu 형식의 정적 멤버 메서드 중에 노출된 멤버에 접근을 할 때에는 형식명으로 접근할 수 있습니다. 정적 멤버는 개체에 종속적인 멤버가 아니라 형식에 종속적인 멤버이기 때문입니다. 다음의 사용 예를 살펴보세요.

```
Program.cpp - 사용 예
#include <iostream>
using std::cout;
using std::endl;
#include "Stu.h"
void main()
{
    cout<<"현재 학생 수:"<<Stu::GetLastNum()<<endl;
    Stu *stu = new Stu();
    cout<<"학생번호:"<<stu->GetNum()<<endl;

    cout<<"현재 학생 수:"<<Stu::GetLastNum()<<endl;

    Stu *stu2 = new Stu();
    cout<<"학생번호:"<<stu->GetNum()<<endl;

    delete stu;
    delete stu2;
}
```

사용 예를 보시면 GetLastNum메서드에 접근을 할 때 Stu 형식 명과 스코프 연산자(::)를 통해 접근하고 있음을 알 수 있습니다.

마지막으로 정적 멤버 메서드에서는 비 정적 멤버 메서드를 호출할 수가 없습니다. 비 정적 멤버 메서드에서는 해당 개체의 멤버 필드의 값을 변경할 수도 있는데 비 정적 멤버 메서드에서는 어떠한 개체에 종속적인 것이 아니므로 비 정적 멤버 메서드를 호출할 수가 없습니다.

다음을 보면 정적 멤버 메서드인 GetLastNum에서 비 정적 멤버 메서드인 GetNum을 호출하였을 때 오류가 나는 것을 확인할 수 있습니다.

```
int Stu::GetLastNum( )
{
    int num = GetNum( );
    return last_num;
}
```

1	error C2352: 'Stu::GetNum' : 비정적 멤버 함수를 잘못 호출했습니다.	stu.cpp	19

[그림 2.9]

2.2.4 상수화 멤버

캡슐화된 멤버들을 구분하는 또 다른 기준 중의 하나는 상수 멤버와 비 상수 멤버로 나누는 것입니다. 상수 멤버는 형식 정의 내에 멤버 앞에 const 키워드가 붙여 명시하게 됩니다. 상수 멤버 필드는 const 키워드가 앞에 붙고 상수 멤버 메서드는 뒤에 붙게 됩니다. 상수 멤버 필드는 값이 변경되지 않는 멤버 필드이고 상수 멤버 메서드는 멤버 필드값을 변경하는 구문을 포함하지 못하는 메서드입니다.

예를 들어, 학생 생성 시에 학번을 부여하고 이후에는 학번을 변경하지 못하게 하고자 한다면 상수 멤버 필드로 사용할 수 있습니다. 또 다른 예로 학생의 iq가 최대 200까지만 올라갈 수 있게 하려고 한다면 static 상수 멤버 필드로 정할 수 있습니다. 그리고 학생의 정보를 확인만 하는 목적의 메서드는 상수 멤버 메서드로 정의하여 신뢰성을 높일 수 있습니다.

그리고 상수 멤버 메서드에서는 비 상수 멤버 메서드를 호출할 수가 없습니다. 비 상수 멤버 메서드에서는 멤버 필드를 바꿀 수도 있기 때문에 상수 멤버 메서드에서 비 상수 멤버 메서드를 호출하는 구문이 있으면 컴파일 오류가 생기게 됩니다.

상수 멤버는 아니지만, 상수 개체도 있는데 상수 개체는 상수 멤버 메서드만 사용할 수 있는 개체를 말하며 생성된 개체를 관리하는 변수가 const로 지정되어 있을 때를 말합니다.

상수에 대한 부분도 예를 통해 Look & Feel 하시고 다시 살펴보시기 바랍니다.

Stu.h

```
#pragma once
class Stu
{
    static const int max_iq; //정적 상수 멤버 필드
    static int last_num;
    const int num;          //비 정적 상수 멤버 필드
    int iq;
public:
    Stu(void);
    ~Stu(void);
    void Study(int tcnt);
    int GetIq()const;       //상수 멤버 메서드
    int GetNum()const;      //상수 멤버 메서드
private:
    static int SettingStuNum();
};
```

정적 상수 멤버 필드인 max_iq는 다른 정적 멤버 필드처럼 해당 멤버를 위한 메모리를 할당을 받기 위해서는 CPP 파일에 반드시 선언해 주어야 합니다. 그리고 상수 멤버이므로 선언하면서 초기값을 설정해 주어야 합니다.

비정적 상수 멤버 필드인 num은 생성자에서 초기화 기법을 사용해야 합니다. 그 외의 다른 메서드에서는 상수 멤버인 num의 값을 변경할 수 없습니다. Stu.cpp에 구현된 예를 보시면 Stu::Stu():num(0) 과 같이 메서드 구현 정의에서 시작 {를 만나기 전에 콜론(:)을 하고 초기화 할 멤버명과 ( )내부에 초기화할 값을 명시하는 것을 확인할 수 있습니다. 이와 같이 표현하는 것을 초기화 기법이라 합니다. 초기화 기법을 사용할 때 ( ) 내부에는 초기화할 멤버의 형식과 호환되는 값을 반환하는 메서드 호출을 할 수도 있습니다.

마지막으로 상수 멤버 메서드는 내부 멤버 필드의 값을 변경하지 못하는 메서드를 정의할 때 사용이 되는데 정적 멤버를 지정하는 static과 달리 메서드 시그니쳐의 일부로 취급하므로 헤더 파일에서 뿐만 아니라 CPP 파일에 해당 메서드 구현에서도 const 키워드를 붙여주어야 합니다. 다음의 예를 살펴보세요.

Stu.cpp

```
#include "Stu.h"
const int Stu::max_iq = 200; //정적 상수 멤버 선언 및 초기화
int Stu::last_num;
Stu::Stu(void):num(SettingStuNum()) //비 정적 상수 멤버 초기화
{
    iq = 100;
}
Stu::~Stu(void)
{
}
void Stu::Study(int tcnt)
{
    iq += tcnt;
    if(iq > max_iq)
    {
        iq = max_iq;
    }
}
int Stu::GetIq()const   //상수 멤버 메서드
{
    return iq;
}
int Stu::GetNum()const   //상수 멤버 메서드
{
    return num;
}
int Stu::SettingStuNum()
{
    last_num++;
    return last_num;
}
```

마지막으로 상수 개체는 상수 멤버 메서드를 호출이 가능하지만, 비 상수 멤버 메서드 호출을 할 수 없다는 것은 [그림 2.10]을 보고 Look & Feel 하시기 바랍니다.

```
#include "Stu.h"
void main()
{
    const Stu *stu = new Stu();
    stu->GetIq();
    stu->Study(200);
    delete stu;
}
```

1 error C2662: 'Stu::Study' : 'this' 포인터를 'const Stu'에서 'Stu &'(으)로 변환할 수 없습니다. program.cpp 6

[그림 2.10]

2.2.5 특별한 정적 멤버 this

모든 클래스에는 컴파일러에 의해 자동으로 캡슐화하는 정적 멤버 this가 있습니다. 멤버 this의 접근 지정은 private으로 설정되어 있어 코드 상에서는 노출되어 있지 않지만, 해당 클래스 스코프 내에서 사용할 수 있습니다. 그리고 this는 해당 클래스 형식의 포인터 형식입니다.

컴파일러는 개체 인스턴스의 멤버 메서드를 호출하면 해당 개체를 this멤버에 설정하고 해당 형식의 메서드를 호출하는 코드로 전개하게 됩니다. 그리고 지역 변수명으로 존재하지 않는 명칭이 멤버 필드에 있으면 자동으로 this 개체의 멤버를 호출하게 코드를 전개해 주게 됩니다. 또한, 개발자가 명시적으로 this 키워드를 통해 멤버 필드에 접근하면 같은 이름의 지역 변수와 구별해서 사용할 수도 있습니다.

C++에서는 전역 변수명과 지역 변수명, 멤버 필드 명이 모두 같더라도 개발자가 원하는 것을 사용할 수 있습니다. 전역 변수를 접근하고 싶으면 ::변수명으로 접근하면 되고 멤버 필드에 접근할 때에는 이미 얘기했던 것처럼 this->멤버 필드명으로 접근, 지역 변수를 접근할 때에는 바로 변수명을 사용합니다.

Stu.h

```
#pragma once
#include <iostream>
#include <string>
using namespace std;

class Stu
{
    int num;
    string name;
public:
    Stu(int num,string name);
    ~Stu(void);
    bool IsEqual(int num)const;
    void View()const;
    void Stub();
};
```

Stu.h에는 멤버 필드로 num과 name을 캡슐화하였습니다. Stu 생성자 메서드와 IsEqual메서드에서는 this를 통해 지역 변수와 개체 멤버 필드를 구분해서 사용하는 예를 살펴보겠습니다. View 메서드에서는 컴파일러 전개로 실제 호출한 개체의 멤버에 접근하고 있다는 것을 보여 드리고 Stub 메서드에서는 전역 변수와 지역 변수, 개체의 멤버를 구분해서 사용하는 예를 들어 보겠습니다.

생성자 메서드를 보시면 입력 매개 변수명이 멤버 필드명과 같게 들어옵니다. 여기에서는 입력 매개 변수로 들어온 값으로 멤버 필드를 설정해야겠지요. 이 경우에 this 키워드를 통해 멤버 필드에 접근할 수 있습니다. IsEqual 메서드에서도 동일합니다.

```
Stu::Stu(int num,string name)
{
    this->num = num;
    this->name = name;
}
bool Stu::IsEqual(int num)const
{
    return this->num == num;
}
```

그리고 View 메서드에서는 지역 변수를 선언하지 않았습니다. 이 경우에 this 키워드를 사용하지 않아도 멤버 필드에 존재하면 this를 통해 멤버 필드에 접근하는 코드로 컴파일러가 전개해 줍니다.

```
void Stu::View()const
{
    cout<<"번호:"<<num<<" 이름:"<<name<<endl;
}
```

컴파일러에 의해 전개된 코드는 다음과 같습니다.

```
void Stu::View()const
{
    cout<<"번호:"<< this->num<<" 이름:"<< this->name<<endl;
}
```

만약, 사용하는 곳에서 다음과 같이 사용하면 컴파일러는 사용하는 개체를 해당 클래스의 정적 멤버인 this에 대입을 하고 해당 클래스의 멤버 메서드를 호출하는 코드로 전개해 줍니다.

```
Stu *s = new Stu(2,"홍길동");
Stu *s2 = new Stu(3,"강감찬");

s->View();
s->View2();
```

컴파일러에 의해 전개된 코드는 다음과 같습니다.

```
Stu *s = new Stu(2,"홍길동");
Stu *s2 = new Stu(3,"강감찬");

Stu:: this = s;
Stu::View();
Stu:: this = s2
Stu::View2();
```

이와 같은 컴파일러 전개 과정이 있기 때문에 정확하게 호출할 때 사용한 멤버 필드를 사용할 수 있는 것입니다. 눈치를 채신 분도 있겠지만 this 멤버의 접근 설정이 private으로 지정되어 있어 다른 스코프에서 접근할 수 없다고 했는데 이는 가시성을 없게 하여 개발자로 하여금 잘못된 접근을 막는 것일 뿐입니다. 컴파일러의 무소불위의 권한으로 이처럼 전개가 이루어진다는 것이지 실제 개발자가 위와 같은 코드를 작성하면 컴파일 오류가 발생합니다.

마지막으로 Stub 메서드의 사용 예를 살펴보면 다음과 같습니다. 이 예에서는 전역 변수명과 지역 변수명, 멤버 필드 명이 같을 때 각각에 대해 어떻게 접근할 수 있는가에 대해서 보여주기 위한 예입니다.

```
int num=10;
void Stu::Stub()
{
    int num = 3;
    this->num = 8;
    ::num = 9;
    num = 7;
    cout<<"지역 변수 num:"<<num<<endl;
    cout<<"전역 변수 num:"<<::num<<endl;
    cout<<"개체 멤버 num:"<<this->num<<endl;
}
```

예를 보면 전역 변수로 num이라는 변수가 선언되어 있고 지역 변수에도 num이 선언되어 있습니다. 그리고 앞선 Stu.h를 보시면 멤버 필드 num도 캡슐화되어 있습니다. C++언어에서는 이 같은 경우에도 스코프 연산자와 this 키워드를 통해 전역 변수와 멤버 필드에 접근할 수 있게 해 주고 있습니다. 그리고 아무것도 사용하지 않을 때에는 해당 명칭이 지역 변수에 있다면 지역 변수를 사용하는 것이 되고 지역 변수에 없고 멤버 필드에 있으면 멤버 필드가 사용되고 지역 변수와 멤버 필드에 없는데 전역 변수로 선언되어 있다면 전역 변수가 사용됩니다.

```
Stu *s = new Stu(2,"홍길동");
s->Stub();
```

위와 같이 사용을 하면 [그림 2.11]과 같은 결과를 얻게 됩니다.

```
C:\Windows\system32\cmd.exe
지역 변수 num:7
전역 변수 num:9
개체 멤버 num:8
```

[그림 2.11]

Stu.cpp

```
#include "Stu.h"

Stu::Stu(int num,string name)
{
    this->num = num;
    this->name = name;
}
Stu::~Stu(void)
{
}

bool Stu::IsEqual(int num)const
{
    return this->num == num;
}
void Stu::View()const
{
    cout<<"번호:"<<num<<" 이름:"<<name<<endl;
}
int num=10;
void Stu::Stub()
{
    int num = 3;

    this->num = 8;
    ::num = 9;
    num = 7;

    cout<<"지역 변수 num:"<<num<<endl;
    cout<<"전역 변수 num:"<<::num<<endl;
    cout<<"개체 멤버 num:"<<this->num<<endl;
}
```

Exmaple.cpp

```
#include "Stu.h"

void main()
{
    Stu *s = new Stu(2,"홍길동");
    Stu *s2 = new Stu(3,"강감찬");

    if(s->IsEqual(2))
    {
        cout<<"같다."<<endl;
    }
    else
    {
        cout<<"다르다."<<endl;
    }

    s->View();
    s2->View();
    delete s;
    delete s2;
}
```

위의 예를 수행하면 [그림 2.12]와 같은 결과를 얻게 됩니다.

```
C:\Windows\system32\cmd.exe
같다.
번호:2 이름:홍길동
번호:3 이름:강감찬
```

[그림 2.12]

03

캡슐화 실습

3. 1 구현할 실습 대상

3.1.1 멤버 필드

이번 장에서는 2장에서 다룬 캡슐화를 여러분이 직접 구현해 보시길 바랍니다. 각자가 직접 구현을 하시고 책에 있는 내용과 비교하는 단계로 학습을 해 주시고 미리 책을 보시고 따라 하는 것은 여러분의 실력 향상에 큰 도움이 되지 못할 것입니다.

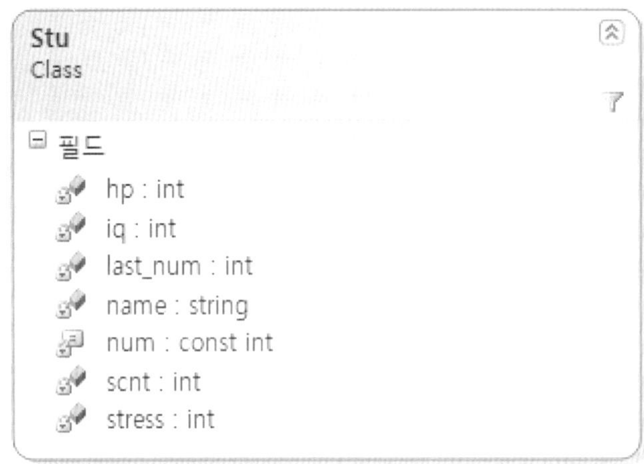

[그림 3.1]

이번 실습에서 구현할 Stu 클래스는 [그림 3.1]에 있는 멤버 필드와 [그림 3.2]에 있는 멤버 메서드입니다. 먼저, 정적 멤버 필드로는 가장 최근에 생성한 학생의 번호를 보관하는 last_num이 있고 비 멤버 필드로는 차례대로 부여되는 번호(num)와 생성 시 입력 인자로 전달받는 이름(name)이 있고 그 외에 체력(hp), 아이큐(iq), 스트레스(stress), 연속으로 공부한 횟수(scnt)가 있습니다. 이 중에 num은 상수 멤버 필드로 구현해 보세요.

멤버 명	설명
hp	체력, 생성 시:50, 최소:0, 최대:100
iq	아이큐, 생성 시:100, 최소:80, 최대:200
last_num	정적 멤버 필드로 초기값은 0이고 가장 최근에 생성한 학생 번호를 보관
name	이름, 생성 시 입력 인자로 전달 받음
num	번호, 자동 부여됨, 상수 멤버 필드임
scnt	연속으로 공부한 회수, 생성 시:0, 최소:0, 최대:5 공부하면 1증가, 다른 행위 시 0으로 Reset 단, GetNum, GetName, View 메서드 호출 시 영향 없음
stress	스트레스, 생성 시:0, 최소:0, 최대:100

3.1.2 멤버 메서드

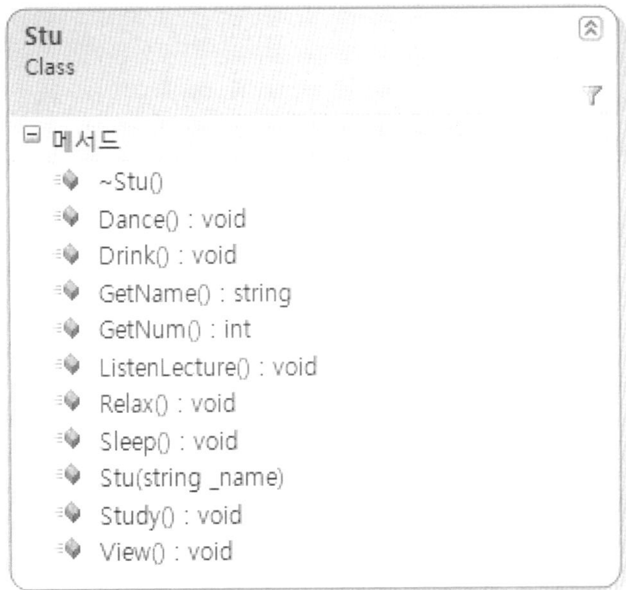

[그림 3.2]

Stu 클래스에 멤버 메서드는 public으로 노출된 것에 대해서만 제시를 하도록 하겠습니다. 이를 효과적으로 표현하는 데 필요한 멤버 메서드가 있으면 private으로 접근 지정자를 설정하여 만들어 보시기 바랍니다. Stu 클래스에서는 이름을 입력 매개 변수로 정의한 생성자 메서드가 필요합니다. 그리고 지금 실습에서는 학생 내부에서 동적으로 생성하여 보관하는 개체가 없어 필요는 없지만 소멸자를 없애지 않겠습니다. 여러분께서는 소멸자가 필요 없다고 느끼시면 없애도 무관합니다.

생성자와 소멸자 메서드 외에도 춤을 추다, 음료를 마시다, 강의를 듣다, 휴식을 취하다, 잠을 자다, 공부하다와 같이 멤버 필드들이 변화가 생기는 멤버 메서드와 이름을 얻어오다, 번호를 얻어오다, 정보를 보다와 같은 멤버 필드들이 변화가 생기지 않는 상수화 멤버 메서드로 구성해 보시기 바랍니다.

멤버 명	설명
	소멸자
Dance	**춤을 추다.** **iq: 3증가, hp: 30감소, stress: 20감소, scnt: 0으로 reset**
Drink	**음료를 마시다.** **iq: 4감소, hp: 20감소, stress: 10 감소, scnt: 0으로 reset**
GetName	**상수 멤버 메서드로 정의하세요. 이름이 뭐니?**
GetNum	**상수 멤버 메서드로 정의하세요. 번호가 뭐니?**
ListenLecture	**수업을 듣는다.** **iq:scnt만큼 증가, hp:10감소,** **stress:20-scnt*5 증가, scnt: 0으로 reset**
Relax	**쉬다.** **hp: 30증가, stress: 20 감소, scnt: 0으로 reset**

Sleep	**잠을 자다.** **hp: 50증가, stress: 50 감소, scnt: 0으로 reset**
	생성자
Study	**공부하다.** **iq: 5-scnt증가, hp: 5감소, stress: 10 증가, scnt: 1증가**
View	**상수 멤버 메서드로 정의하세요. 자신의 상태를 화면에 echo하다.**

3. 2 클래스에 캡슐화 할 멤버 약속하기

구현해야 할 멤버 필드와 멤버 메서드에 대해서 살펴보았으면 이를 프로젝트에 Stu 클래스를 추가한 후에 목적에 맞게 멤버 필드와 멤버 메서드를 추가해 보시기 바랍니다. 멤버 메서드의 내부 구현은 다음 단계에서 할 것이니 CPP 소스 파일에 멤버 메서드는 내부가 비어 있는 상태로 만들어 보세요. (리턴 형식이 있는 메서드는 0이나 ""와 같은 값으로 형식에 맞게 반환하는 코드는 표현하여 컴파일 오류가 나지 않도록 작성해 보시기 바랍니다. 효과적으로 표현하기 위해 프로젝트를 생성하여 Program.cpp 소스 파일을 추가하시고 Class 추가를 통해 Stu.h 와 Stu.cpp 파일도 추가하신 후에 [그림 3.1]과 [그림 3.2]에 있는 멤버들을 캡슐화해 보시기 바랍니다. 여러분이 각자 이 작업을 수행한 후 다음의 설명과 구현 예를 비판적인 시각으로 살펴보세요.

3.2.1 멤버 필드 캡슐화

Stu 클래스에 구현해야 할 사항을 파악하여 필요한 멤버 목록을 작성하였으면 각 멤버의 형식을 정의해야 할 것입니다. 멤버 필드는 외부 scope에서 접근하지 못하게 가시성을 차단하고 이에 대한 참조나 변경이 필요한 경우에는 멤버 메서드를 통해 접근하게 함으로써 정보 은닉을 통해 신뢰성 있게 프로그래밍할 수 있습니다.

먼저, last_num은 정적 멤버 필드이므로 Stu 클래스 내부에 static 키워드를 명시하고 int 형으로 표현하면 되겠네요. 그리고 정적 멤버 필드는 CPP 소스 파일에 선언해야 한다는 것을 잊지 마시기 바랍니다.

헤더 파일: static int last_num;
소스 파일: int Stu::last_num;

그리고 학생 번호는 생성 멤버 필드로 하기로 했으니 const 키워드를 명시하고 int 형으로 표현합니다. 비정적 상수 멤버 필드는 생성자 메서드에서 초기화 기법을 사용해야 하므로 주의하시기 바랍니다. 아직까지는 메서드 내부에 구체적인 구현은 다루지 않기로 했으니 num을 0으로 초기화하고 구체적 구현을 할 때 수정하도록 합시다.

헤더 파일: const int num;
소스 파일: Stu::Stu():num(0)

이름은 string 형식으로 하면 되겠네요. string 형식을 사용하려면 헤더 파일에 #include <string>을 포함하고 std 네임 스페이스에 있는 string을 사용하겠다는 의미로 using std::string;과 같은 표현을 하시면 됩니다. C언어에서의 string.h와 다른 파일이니 주의하시기 바랍니다. 이후에 Stu 클래스 내부에 string 형식의 멤버 필드를 선언하면 되겠네요.

헤더 파일: string name;

여러분의 생각처럼 그 외에 나머지 멤버 필드들은 int 형식으로 Stu 클래스 내부에 추가하면 됩니다. 여기까지 표현하면 다음과 같이 Stu.h 파일과 Stu.cpp 파일이 작성되겠지요. 예를 보시면 멤버 필드들은 접근 지정자를 표현하지 않았기 때문에 디폴트 접근 지정자인 private이 됩니다.

Stu.h - 멤버 필드를 캡슐화 표현한 예

```
#pragma once
#include <string>
using std::string;
class Stu
{
    int hp;
    int iq;
    string name;
    const int num;
    int scnt;
    int stress;
    static int last_num;
public:
    Stu();
    ~Stu(void);
};
```

Stu.cpp - 멤버 필드를 캡슐화 표현한 예

```
#include "Stu.h"
int Stu::last_num;
Stu::Stu():num(0)
{
}
Stu::~Stu(void)
{
}
```

3.2.2 멤버 필드 캡슐화

이번에는 멤버 메서드를 캡슐화 약속을 표현하는 예를 살펴보기로 합시다. 먼저, 생성자는 이름을 입력 인자로 전달받기로 했기 때문에 이를 반영해야 할 것입니다.

헤더 파일: Stu(string _name);
소스 파일: Stu::Stu(string _name):num(0) { }

춤을 추다, 음료를 마시다, 강의를 듣다, 휴식을 취하다, 잠을 자다, 공부하다에 해당하는 멤버 메서드는 특별한 사항이 없으니 어렵지 않게 표현할 수 있었을 것입니다. 그렇지만 이름을 얻어오다, 번호를 얻어오다, 정보를 보다와 같은 멤버 필드들이 변화가 생기지 않는 상수 멤버 메서드의 경우는 헤더 파일에 함수 시그니쳐를 약속을 할 때에도 const 키워드를 뒤에 명시하여야 하고 소스 파일에도 함수 시그니쳐에 const 키워드를 명시하여야 합니다. 이를 표현한 예를 여러분이 작성한 코드와 비교해 보시기 바랍니다. 여기에서 보여주는 것은 예일 뿐이며 여러분의 비판적인 시각이 필요합니다.

Stu.h - 멤버 필드와 멤버 메서드 캡슐화 약속을 표현

```
#pragma once
#include <string>
#include <iostream>
using std::cout;
using std::endl;
using std::cin;
using std::string;
class Stu
{
    int hp;
    int iq;
    string name;
    const int num;
    int scnt;
    int stress;
    static int last_num;
public:
    Stu(string _name);
    ~Stu(void);
    void Dance();
    void Drink();
    string GetName()const;
    int GetNum()const;
    void ListenLecture();
```

```
    void Relax();
    void Sleep();
    void Study();
    void View()const;
};
```

GetName 메서드와 GetNum 메서드, View 메서드는 내부에서 멤버 필드를 변경하지 않기 때문에 상수 멤버 메서드로 표현하고 있습니다.

Stu.cpp - 멤버 필드와 멤버 메서드 캡슐화 약속을 표현

```
#include "Stu.h"
int Stu::last_num; //정적 멤버 필드는 소스 파일에 선언해야 합니다.
Stu::Stu(string _name):num(0) //비 정적 상수 멤버 필드는 초기화 기법을 사용해야 합니다.
{
}
Stu::~Stu(void){ }
void Stu::Dance(){ }
void Stu::Drink(){ }
string Stu::GetName()const //상수 멤버 메서드의 const는 시그니쳐의 일부입니다.
{
    return 0;
}
int Stu::GetNum()const  //상수 멤버 메서드의 const는 시그니쳐의 일부입니다.
{
    return 0;
}
void Stu::ListenLecture(){ }
void Stu::Relax(){ }
void Stu::Sleep(){ }
void Stu::Study(){ }
void Stu::View()const  //상수 멤버 메서드의 const는 시그니쳐의 일부입니다.
{
}
```

3. 3 정적 멤버로 구성된 클래스 사용하기

C++ 언어에서는 전역 스코프가 존재합니다. 하지만 C#이나 Java와 같은 OOP 언어에서는 전역 스코프가 존재하지 않는데 이 같은 경우에 정적 클래스를 정의하여 이를 극복합니다. C++에는 전역 스코프가 존재하기 때문에 지금과 같은 작업이 불필요하다고 생각할 수도 있겠지만 이렇게 프로그래밍할 수도 있다는 것을 한 번 살펴보시고 여러분의 판단에 맞게 사용하시기 바랍니다.

캡슐화 실습 주제에서 학생의 체력, 아이큐, 스트레스, 연속으로 공부하다를 수행한 카운터는 개체 생성 시에 설정할 디폴트 값과 최소값, 최대값이 약속되어 있습니다. 이럴 때 #define 문을 사용하거나 열거형이나 정적 멤버 상수 필드나 전역 상수를 이용할 수 있을 것입니다. 여기에서는 이러한 방법들이 아닌 정적인 멤버들로만 구성된 클래스를 정의하는 방법을 사용하는 것을 보여주려고 합니다. 여기에서 보여주는 방법을 사용하면 별도의 클래스를 추가하는 것이라 비용이 많이 든다고 생각할 수도 있지만 유지 보수를 할 때 목적에 따라 해당 클래스만 살펴볼 수 있기 때문에 오히려 비용이 줄어들 수 있습니다.

C++에서는 static 클래스를 위한 별도의 문법은 제공하지 않고 있습니다. 하지만 편의상 static 멤버만을 가지고 있는 클래스를 static 클래스라고 하겠습니다.

Stu클래스의 멤버 필드가 가질 속성값들의 약속된 값이라는 의미에서 StuProperty라는 이름으로 정적 클래스를 만들고 약속된 값들을 위해 각각 정적 상수 멤버 필드를 추가하겠습니다. 정적 멤버 필드들은 선언도 반드시 해 주어야 한다는 것을 상기하시기 바랍니다.

그리고 정적 클래스 형식에서는 개체를 생성하지 못하게 생성자와 소멸자의 접근지정자를 private로 지정하면 됩니다. 마지막으로 Stu.h에서는 StuProperty.h를 포함하기 위해 다음의 코드를 추가해 주어야 할 것입니다.

```
#include "StuProperty.h"
```

StuProperty.h

```
#pragma once
class StuProperty
{
public:
    static const int def_hp;
    static const int min_hp;
    static const int max_hp;
    static const int def_iq;
    static const int min_iq;
    static const int max_iq;
    static const int def_stress;
    static const int min_stress;
    static const int max_stress;
    static const int def_scnt;
    static const int min_scnt;
    static const int max_scnt;
private:
    StuProperty(void){    }
};
```

StuProperty.cpp

```
#include "StuProperty.h"
const int StuProperty::def_hp = 50;
const int StuProperty::min_hp = 0;
const int StuProperty::max_hp = 100;
const int StuProperty::def_iq = 100;
const int StuProperty::min_iq = 80;
const int StuProperty::max_iq = 200;
const int StuProperty::def_stress = 0;
const int StuProperty::min_stress = 0;
const int StuProperty::max_stress = 100;
const int StuProperty::def_scnt = 0;
const int StuProperty::min_scnt = 0;
const int StuProperty::max_scnt = 5;
```

3. 4 테스트 모듈 작성하기

이번에는 캡슐화 실습이 정상적으로 수행하는지를 테스트하기 위한 모듈을 작성하려고 합니다. 많은 개발자가 테스트를 위한 모듈은 구현이 끝나가는 시점에 작성합니다. 하지만 이와 같은 형태의 개발 공정을 가지게 되면 발생하게 될 많은 경우를 생각할 수 있는 시간적/정신적 제약으로 버그나 예외를 발견하지 못하고 테스트를 완료할 확률이 높아집니다. 될 수 있으면 테스트 모듈은 약속이 정해지고 나면 구현과 병행하여 작성하는 것이 높은 테스트 결과물을 얻어낼 수 있을 것입니다. 물론, 각 프로젝트의 규모나 성질에 따라 개발 공정은 달라질 수 있습니다.

여러분 각자가 Stu.h 를 포함하는 구문을 명시한 후에 main 함수가 포함될 진입점 소스를 작성해 보시기 바랍니다. 해당 소스에서는 이후 구현을 하게 될 Stu 클래스를 테스트하기 위한 코드를 포함을 시키시면 됩니다. 어떻게 개체를 생성하고 어떠한 메서드들을 접근을 해야 Stu 클래스를 제대로 구현한 것인지 테스트할 수 있을까를 염두에 두면서 작성해 보세요. 새로운 것에 대해 학습을 할 때 책이나 강사의 얘기를 무조건 신뢰를 하고 넘어가는 것은 그 당시에는 빠른 학습이 되는 것으로 느낄 수 있지만 결국 남는 것은 별로 없는 학습이 될 수 있습니다. 책의 내용이나 강사의 얘기가 맞는 것인지 확인하는 방법을 생각하고 실제 확인하는 과정을 밟아나가시면 그 순간에는 느린 학습이 되는 것처럼 느낄 수 있지만 단단해 질 것으로 생각합니다.

여러분 각자가 테스트 코드를 작성하신 후에 예제를 살펴보세요. 테스트 코드에 대한 예제는 크게 설명할 부분은 없기에 코드를 제시만 하겠습니다. 그리고 실제 충분한 테스트가 되는 코드를 제시한 것이 아니므로 여러분께서 충분한 테스트 코드가 될 수 있도록 추가 및 수정하시길 바랍니다.

Test.cpp

```
#include "Stu.h"

void main()
{
    Stu *s = new Stu("홍길동");
    s->View();

    s->Study();
    s->Study();
    s->ListenLecture();
    s->View();

    s->Study();
    s->Drink();
    s->Dance();
    s->Sleep();
    s->View();

    s->Study();
    s->Relax();
    s->View();

    cout<<"이름:"<<s->GetName()<<endl;
    cout<<"번호:"<<s->GetNum()<<endl;

    delete s;
    cin.get();
}
```

3. 5 멤버 메서드 구현

이제 Stu 클래스에 멤버 메서드들을 약속에 따라 구현을 하는 작업을 수행해 봅시다. 여기에서는 멤버 메서드들 중에 번호를 자동 부여하기 위한 부분과 상수 멤버 메서드를 구현하는 부분, 나머지 부분으로 나누어서 설명하려고 합니다. 여러분께서는 각 부분을 구현해 보고 각 부분에 대한 설명을 살펴보시고 참고하십시오.

3.5.1 번호 자동 부여하기 구현

Stu 클래스에서는 정적 멤버인 last_num 멤버 필드가 가장 최근에 생성한 학생 번호를 가지고 있습니다. 이를 이용해서 번호를 부여하면 될 것입니다. 그런데 Stu 개체의 번호에 해당하는 num 멤버 필드는 상수 멤버 필드로 약속하여 생성자 메서드의 초기화 기법을 이용해야 합니다. 여기에서는 부여할 번호를 반환하는 정적 메서드를 정의하여 이를 이용하여 초기화 기법을 사용하도록 하겠습니다.

학생 번호를 부여하는 정적 메서드 이름은 SetStuNum이라 명명을 한다면 다음과 같이 클래스 내에 캡슐화 할 수 있을 것입니다.

```
private:
        static int SetStuNum();
```

SetStuNum은 외부 스코프에 의해 접근을 노출한다면 학생 개체를 생성하지도 않으면서 부여할 번호가 변하게 되므로 접근 지정자를 private로 설정하였습니다.

그리고 해당 메서드에서는 last_num을 증가시키고 증가한 last_num을 반환하면 새로 생성되는 학생 개체에게 부여할 번호를 적절히 반환할 수 있고 last_num은 가장 최근에 생성한 학생 번호를 유지할 수 있겠네요.

```
int Stu::SetStuNum()
{
        last_num++;
        return last_num;
}
```

마지막으로 생성자 메서드에서 초기화 기법을 이용하여 학생 개체의 멤버 필드를 초기화를 해 봅시다.

```
Stu::Stu(string _name):num(SetStuNum())
{
}
```

3.5.2 상수 멤버 메서드 구현

Stu 클래스에는 학생의 이름을 얻어오는 메서드와 번호를 얻어오는 메서드, 학생 정보를 출력하는 메서드를 상수 멤버 메서드로 정의하기로 약속하였습니다. 해야 할 기능이 직관적이기 때문에 별다른 설명을 하지 않고 예를 보여주고 넘어가기로 하겠습니다.

```
string Stu::GetName()const
{
	return name;
}
int Stu::GetNum()const
{
	return num;
}
void Stu::View()const
{
	cout<<"번호:"<<num<<" 이름:"<<name<<endl;
	cout<<"체력:"<<hp<<" 아이큐:"<<iq<<" 스트레스:"<<stress<<endl;
}
```

3.5.3 나머지 멤버 메서드 구현

먼저, 생성자 메서드에서는 인자로 전달된 이름을 설정하고 나머지 멤버 필드들을 약속에 명시된 디폴트 값으로 설정해야 할 것입니다.

```
Stu::Stu(string _name):num(SetStuNum())
{
	name = _name;
	hp = StuProperty::def_hp;
	iq = StuProperty::def_iq;
	stress = StuProperty::def_stress;
	scnt = StuProperty::def_scnt;
}
```

이 외의 나머지 메서드들은 약속에 따라 멤버 필드의 값을 변경하면 될 것입니다. 그런데 각 멤버 필드의 값을 변경할 때 주의할 것은 특정 범위를 벗어나지 않게 조정을 해 주어야 합니다. 이러한 조정 작업을 각 메서드에서 모두 구현하는 것은 유지 보수 비용을 증가하게 하는 요인이 됩니다. 보다 효과적으로 구현하기 위해서 멤버 필드의 값을 변경하거나 설정하는 메서드는 Get필드 명, Set필드 명과 같은 이름으로 부여하고 이를 이용하는 방법을 사용해 봅시다. 참고로 이와 같은 메서드를 속성(Property) 메서드라고 부르기도 합니다.

이와 같은 속성 메서드를 정의할 때 Set속성 메서드의 접근 지정자를 설정할 때에는 신중하게 생각해야 합니다. 여기에서는 모든 속성 메서드를 private로 설정하도록 하겠습니다.

```
private:
        void SetIq(int _iq);
        void SetHp(int _hp);
        void SetStress(int _stress);
        void SetSCnt(int _scnt);
        int GetIq()const;
        int GetHp()const;
        int GetStress()const;
        int GetSCnt()const;
```

그리고 Set 속성 메서드에서는 값을 변경하는 작업과 약속된 범위를 벗어나는 부분에 대한 조정 작업이 있어야 할 것입니다.

```
void Stu::SetIq(int _iq)
{
        iq = _iq;
        if(iq > StuProperty::max_iq)
        {
                iq = StuProperty::max_iq;
        }
        if(iq < StuProperty::min_iq)
        {
                iq = StuProperty::min_iq;
        }
}
```

이와 같은 형태로 속성 메서드에 대한 구현을 하였으면 이제 각 메서드들을 약속에 맞게 구현해 봅시다.

```
void Stu::Study()
{
        SetIq(GetIq() + (5 - GetSCnt());
        SetHp(GetHp() - 5);
        SetStress(GetStress() + 10);
        SetSCnt(GetSCnt()+1);
}
```

이상으로 캡슐화에 대한 실습은 마치도록 하겠습니다.

Stu.h

```
#pragma once
#include <string>
#include <iostream>
using namespace std;
#include "StuProperty.h"
class Stu
{
    int hp;
    int iq;
    string name;
    const int num;
    int scnt;
    int stress;
    static int last_num;
public:
    Stu(string _name);
    void Dance();
    void Drink();
    string GetName()const;
    int GetNum()const;
    void ListenLecture();
    void Relax();
    void Sleep();
    void Study();
    void View()const;
private:
    static int SetStuNum();
    void SetIq(int _iq);
    void SetHp(int _hp);
    void SetStress(int _stress);
    void SetSCnt(int _scnt);
    int GetIq()const;
    int GetHp()const;
    int GetStress()const;
    int GetSCnt()const;
};
```

Stu.cpp

```
#include "Stu.h"

int Stu::last_num;

Stu::Stu(string _name):num(SetStuNum())
{
    name = _name;
    hp = StuProperty::def_hp;
    iq = StuProperty::def_iq;
    stress = StuProperty::def_stress;
    scnt = StuProperty::def_scnt;
}
void Stu::Dance()
{
    SetIq(GetIq()+3);
    SetHp(GetHp()-30);
    SetStress(GetStress()-20);
    SetSCnt(0);
}
void Stu::Drink()
{
    SetIq(GetIq()-4);
    SetHp(GetHp()-20);
    SetStress(GetStress() - 10);
    SetSCnt(0);
}
string Stu::GetName()const
{
    return name;
}
int Stu::GetNum()const
{
    return num;
}
```

```
void Stu::ListenLecture()
{
    SetIq(GetIq()+GetSCnt());
    SetHp(GetHp()-10);
    SetStress(GetStress() + 20 - GetSCnt()*5);
    SetSCnt(0);
}
void Stu::Relax()
{
    SetHp(GetHp()+30);
    SetStress(GetStress()-20);
    SetSCnt(0);
}
void Stu::Sleep()
{
    SetHp(GetHp()+50);
    SetStress(GetStress()-50);
    SetSCnt(0);
}
void Stu::Study()
{
    SetIq(GetIq() + 5 - GetSCnt());
    SetHp(GetHp() - 5);
    SetStress(GetStress() + 10);
    SetSCnt(GetSCnt()+1);
}
void Stu::View()const
{
    cout<<"번호:"<<num<<" 이름:"<<name<<endl;
    cout<<"체력:"<<hp<<" 아이큐:"<<iq<<" 스트레스:"<<stress<<endl;
}
int Stu::SetStuNum()
{
    last_num++;
    return last_num;
}
```

```
void Stu::SetIq(int _iq)
{
    iq = _iq;
    if(iq > StuProperty::max_iq)
    {
        iq = StuProperty::max_iq;
    }
    if(iq < StuProperty::min_iq)
    {
        iq = StuProperty::min_iq;
    }
}
void Stu::SetHp(int _hp)
{
    hp = _hp;
    if(hp > StuProperty::max_hp)
    {
        hp = StuProperty::max_hp;
    }
    if(hp < StuProperty::min_hp)
    {
        hp = StuProperty::min_hp;
    }
}
void Stu::SetStress(int _stress)
{
    stress = _stress;
    if(stress > StuProperty::max_stress)
    {
        stress = StuProperty::max_stress;
    }
    if(stress < StuProperty::min_stress)
    {
        stress = StuProperty::min_stress;
    }
}
```

```
void Stu::SetSCnt(int _scnt)
{
    scnt = _scnt;
    if(scnt > StuProperty::max_scnt)
    {
        scnt = StuProperty::max_scnt;
    }
    if(scnt < StuProperty::min_scnt)
    {
        scnt = StuProperty::min_scnt;
    }
}
int Stu::GetIq()const
{
    return iq;
}
int Stu::GetHp()const
{
    return hp;
}
int Stu::GetStress()const
{
    return stress;
}
int Stu::GetSCnt()const
{
    return scnt;
}
```

StuProperty.h

```
#pragma once
class StuProperty
{
public:
    static const int def_hp;
    static const int min_hp;
    static const int max_hp;
    static const int def_iq;
    static const int min_iq;
    static const int max_iq;
    static const int def_stress;
    static const int min_stress;
    static const int max_stress;
    static const int def_scnt;
    static const int min_scnt;
    static const int max_scnt;
private:
 StuProperty(void){ }
};
```

StuProperty.cpp

```
#include "StuProperty.h"

const int StuProperty::def_hp = 50;
const int StuProperty::min_hp = 0;
const int StuProperty::max_hp = 100;
const int StuProperty::def_iq = 100;
const int StuProperty::min_iq = 80;
const int StuProperty::max_iq = 200;
const int StuProperty::def_stress = 0;
const int StuProperty::min_stress = 0;
const int StuProperty::max_stress = 100;
const int StuProperty::def_scnt = 0;
const int StuProperty::min_scnt = 0;
const int StuProperty::max_scnt = 5;
```

Test.cpp

```
#include "Stu.h"
void main()
{
    Stu *s = new Stu("홍길동");
    s->View();

    s->Study();
    s->Study();
    s->ListenLecture();
    s->View();

    s->Study();
    s->Drink();
    s->Dance();
    s->Sleep();
    s->View();

    s->Study();
    s->Relax();
    s->View();

    cout<<"이름:"<<s->GetName()<<endl;
    cout<<"번호:"<<s->GetNum()<<endl;

    delete s;
    cin.get();
}
```

04

클래스간의 관계

프로그래밍 개발 공정에서 설계 단계에서는 사용자가 정의하는 형식들 사이에 관계를 정의하는 작업이 수반됩니다. 이번 장에서는 사용자가 정의하는 형식 클래스 간의 관계에 관해 얘기를 하려고 합니다.

4. 1 일반화 (Generalization)

음악가와 피아니스트와 같이 "피아니스트는 음악가이다."라는 논리적 관계를 형성하는 관계를 일반화 혹은 파생 관계(Derivation)라 합니다. 이와 같은 일반화 관계에 있을 때 기반이 되는 클래스에 정의되어 있는 멤버를 파생 클래스에서는 상속을 받게 되며 OOP의 중요한 특징 중의 하나라고 할 수 있습니다.

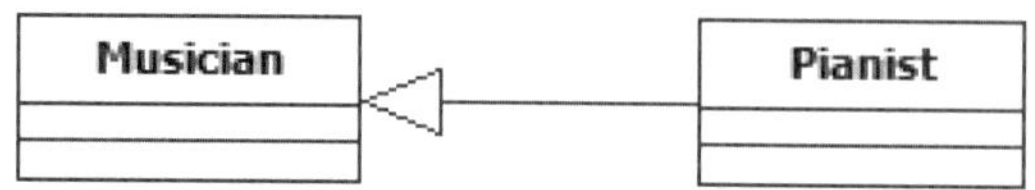

[그림 4.1]

이러한 일반화 관계에 대한 자세한 설명은 5장에서 설명을 하기로 하고 여기에서는 간단한 언급만 하기로 하겠습니다.

다음의 예제 코드는 기반 클래스 Musician에서 파생 클래스 Pianist를 정의하는 예제입니다. 예제 코드를 보시면 기반 클래스인 Musician에는 name 멤버 필드가 있고 Play라는 메서드에서 "홍길동 연주하다."와 같은 형태로 화면에 에코하게 구현하였습니다. 파생 클래스인 Pianist 클래스는 Musician이 기반 클래스임을 명시하였습니다. 그리고 기반 클래스인 Musician에는 매개 변수가 없는 기본 생성자가 없으므로 초기화 기법을 사용해야 합니다. 파생 클래스 내에서 Play라는 메서드를 정의한 것이 없지만 기반 클래스에 정의되어 있으므로 Pianist 개체에서 Play 메서드를 호출하여 사용할 수 있습니다.

파생 클래스에서 기반 클래스를 정의하는 방법은 다음의 예처럼 클래스 명 뒤에 콜론(:) 연산자를 붙이고 상속에 따른 액세스 수준과 기반 클래스 명을 명시하면 됩니다. 상속 수준에 관한 얘기는 5장에서 하기로 하겠습니다.

```
class Pianist :    public Musician
{
  ... 중략...
};
```

초기화 기법을 사용하는 것은 멤버 필드 초기화 기법과 비슷합니다. 소스 파일에 생성자 메서드 구현에서 메서드 명 뒤에 :를 뒤에 기반 클래스 명과 입력 인자를 넣어주면 됩니다.

```
Pianist::Pianist(string _name):Musician(_name)
{
}
```

Musician.h - 기반 클래스

```
#pragma once

#include <iostream>
#include <string>
using std::cout;
using std::endl;
using std::string;
class Musician
{
    string name;
public:
    Musician(string _name);
    void Play();
    virtual ~Musician(void);
};
```

Musician.cpp

```
#include "Musician.h"

Musician::Musician(string _name)
{
    name = _name;
}

Musician::~Musician(void)
{
}
void Musician::Play()
{
    cout<<name<<" 연주하다."<<endl;
}
```

Pianist.h - 파생 클래스

```
#pragma once
#include "musician.h"

class Pianist :
    public Musician
{
public:
    Pianist(string _name);
    ~Pianist(void);
};
```

Pianist.cpp

```
#include "Pianist.h"

Pianist::Pianist(string _name):Musician(_name)
{
}

Pianist::~Pianist(void)
{
}
```

Program.cpp

```
#include "Pianist.h"

void main()
{
    Pianist *pianist = new Pianist("김태원");
    pianist->Play();
    delete pianist;
}
```

4. 2 집합(Aggregation) 과 구성(Composition)

학생과 책의 관계처럼 "철수라는 학생은 책을 가지고 있다."라는 논리적 관계를 집합이라 합니다. 집합 관계에서는 소유 개체와 피 소유 개체의 생성 시기와 소멸 시기가 같지 않아도 됩니다. 이와 같은 관계에서 대부분 소유 개체가 피 소유 개체의 메서드를 호출하여 명령하는 직접 연관 관계가 존재하는 경우와 단순히 피 소유 개체들을 보관하는 집합체일 수 있습니다. 집합체일 경우에는 집합 관계만 표시하겠지만 직접 연관 관계가 존재하는 경우에는 집합 관계와 직접 연관 관계도 같이 표현하는 것이 좀 더 정확한 표현입니다.

[그림 4.2]는 집합 관계만 있는 경우이고 [그림 4.3]은 집합 관계에 직접 연관 관계도 있는 경우입니다.

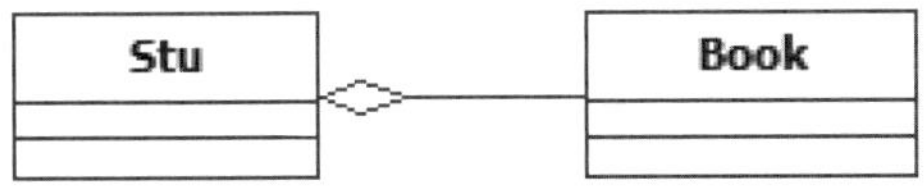

[그림 4.2]

[그림 4.3]

Stu.h - 소유 클래스

```
#pragma once
#include "Book.h"
#define MAX_BOOKS        1000
class Stu
{
    string name;
    Book *books[MAX_BOOKS];
    int bcnt;
public:
    Stu(string _name);
    bool PushBook(Book *book);
    Book *GetAt(int index);
    int GetBCnt()const;
    void View()const;
};
```

Stu.cpp

```
#include "Stu.h"
Stu::Stu(string _name):name(_name),bcnt(0) //비 상수 멤버 필드도 초기화 기법 사용 가능함
{
}
bool Stu::PushBook(Book *book)
{
    if(bcnt < MAX_BOOKS)
    {
        books[bcnt] = book;
        bcnt++;
        return true;
    }
    return false;
}
Book *Stu::GetAt(int index)
{
    if((index>=0)&&(index<bcnt))
    {
        return books[index];
    }
    return 0;
}
int Stu::GetBCnt()const
{
    return bcnt;
}
void Stu::View()const
{
    cout<<"학생 이름:"<<name<<endl<<"갖고 있는 책 수:"<<bcnt<<endl;
    for(int i = 0; i<bcnt ; i++)
    {
        books[i]->View();
    }
}
```

Book.h – 피 소유 클래스

```
#pragma once
#include <iostream>
#include <string>
using std::cout;
using std::endl;
using std::string;
class Book
{
    string name;
public:
    Book(string _name);
    ~Book(void);
    void View()const;
};
```

Book.cpp

```
#include "Book.h"

Book::Book(string _name)
{
    name = _name;
}

Book::~Book(void)
{
}
void Book::View()const
{
    cout<<"도서명:"<<name<<endl;
}
```

다음의 예제 코드를 보면 소유 개체와 피 소유 개체가 생성되는 과정과 소멸하는 과정이 종속적이지 않은 형태를 지니고 있음을 확인할 수 있습니다. 이와 같은 집합 관계는 C언어로 프로그래밍할 때에도 자주 표현하는 관계입니다.

Test.cpp

```
#include "Stu.h"

void main()
{
    Stu *stu = new Stu("홍길동");
    Book *book = new Book("언제나 휴일");
    if(stu->PushBook(book))
    {
        cout<<"보관 성공"<<endl;
    }
    else
    {
        cout<<"보관 실패"<<endl;
    }
    stu->View();

    delete stu;
    delete book;
}
```

그리고 사람과 팔의 관계처럼 "사람은 팔을 가지고 있다."라는 논리적 관계를 구성이라 합니다. 구성 관계에서는 피 소유 개체의 생성과 소멸이 소유 개체의 생성과 소멸에 종속적인 것이 집합 관계와의 차이점입니다. 광의적 의미로 얘기할 때 구성은 집합의 개념까지 포함해서 얘기합니다.

[그림 4.4]

위의 관계에 따라 Man 클래스를 정의할 때 내부에 멤버 필드를 Arm *arm; 혹은 Arm arm;으로 지정할 수 있을 것입니다. 만약, Arm *arm;과 같이 정의하였다면 생성자에서 arm 개체를 생성하고 소멸자에서 arm 개체를 소멸하는 코드가 구현되어 있을 때 구성 관계라 할 수 있습니다.

Man.h

```
#pragma once

#include <string>
using std::string;

#include "Arm.h"

class Man
{
    string name;
    Arm *arm;
public:
    Man(string _name);
    ~Man(void);
};
```

Man.cpp

```
#include "Man.h"

Man::Man(string _name)
{
    name = _name;
    cout<<name<<"개체 생성"<<endl;
    arm = new Arm();
}
Man::~Man(void)
{
    cout<<name<<"개체 소멸"<<endl;
    delete arm;
}
```

Arm.h

```
#pragma once
#include <iostream>
using std::cout;
using std::endl;
class Arm
{
public:
    Arm(void);
    ~Arm(void);
};
```

Arm.cpp

```
#include "Arm.h"
Arm::Arm(void)
{
    cout<<"Arm 생성자"<<endl;
}
Arm::~Arm(void)
{
    cout<<"Arm 소멸자"<<endl;
}
```

Test.cpp

```
#include "Man.h"
void main()
{
    Man *man = new Man("홍길동");
    delete man;
}
```

```
C:\Windows\system32\cmd.exe
홍길동개체 생성
Arm 생성자
홍길동개체 소멸
Arm 소멸자
```

[그림 4.5]

4. 3 연관(Association)와 직접 연관(Directed Association)

약사와 의사처럼 "약사와 의사는 환자 치료에 연관이 있다."와 같이 수평적인 관계를 연관 관계라 한다.

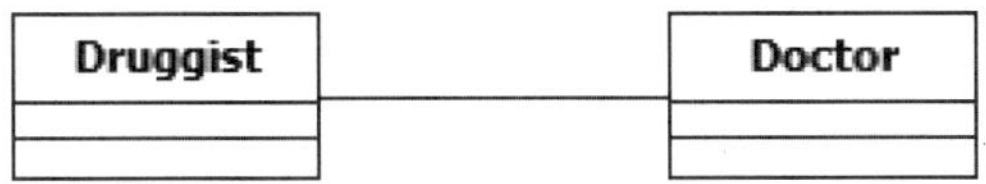

[그림 4.6]

예제에서는 의사가 먼저 치료하고 약사가 조재하거나 약사가 먼저 조재하고 의사가 치료하는 예를 들어보도록 하겠습니다. 의사에게 먼저 치료를 수행시킬 때 약사를 입력 인자로 전달하면 치료를 하는 멤버 메서드에서 약사의 조재하다를 호출하면 사용자는 의사의 치료하다만 호출하더라도 자동으로 약사의 조재하다도 수행되게 됩니다.

이처럼 하나의 개체의 메서드에 다른 개체를 인자로 넘기고 인자로 받은 개체의 메서드를 호출해야 수행되는 것을 더블 디스패치라고 합니다. 이처럼 특정 목적을 수행하기 위해 더블 디스패치를 사용을 할 경우 연관 관계를 사용하게 됩니다. 하지만 서로 계속 호출하여 스택 오버플로우 나는 상황이 발생할 수 있으니 주의하시기 바랍니다.

Doctor.h

```
#pragma once

#include <iostream>
using std::cout;
using std::endl;

class Druggist;
class Doctor
{
public:
    Doctor(void);
    virtual ~Doctor(void);
    void Treatment(Druggist *dru);
    void Treatment();
};
```

Doctor.cpp

```
#include "Doctor.h"
#include "Druggist.h"

Doctor::Doctor(void)
{
}

Doctor::~Doctor(void)
{
}
void Doctor::Treatment(Druggist *dru)
{
    Treatment();
    dru->Hasty();
}

void Doctor::Treatment()
{
    cout<<"치료하다."<<endl;
}
```

Druggist.h

```
#pragma once

class Doctor;
class Druggist
{
public:
    Druggist(void);
    ~Druggist(void);
    void Hasty(Doctor *doc);
    void Hasty();
};
```

Druggist.cpp

```
#include "Druggist.h"
#include "Doctor.h"

Druggist::Druggist(void)
{
}
Druggist::~Druggist(void)
{
}
void Druggist::Hasty(Doctor *doc)
{
    Hasty();
    doc->Treatment();
}
void Druggist::Hasty()
{
    cout<<"조재하다."<<endl;
}
```

Test.cpp

```
#include "Doctor.h"
#include "Druggist.h"
void main()
{
    Doctor *doc = new Doctor();
    Druggist *dru = new Druggist();

    cout<<"Test1"<<endl;
    doc->Treatment(dru);
    cout<<"Test2"<<endl;
    dru->Hasty(doc);

    delete doc;
    delete dru;
}
```

이번에는 직접 연관 관계에 대해 살펴보기로 합시다.

고용인과 피고용인처럼 "고용인은 피고용인에게 업무를 지시하다." 와 같이 수직적인 관계를 직접 연관 관계라 한다.

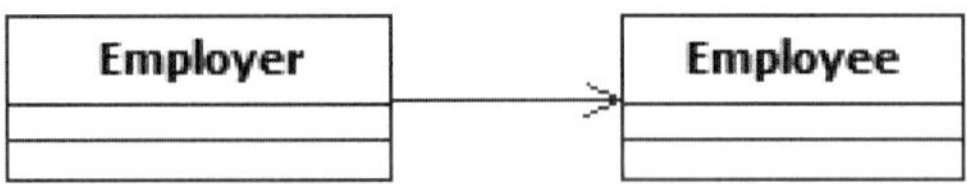

[그림 4.7]

Employee.h

```
#pragma once
#include "Employer.h"
class Employee
{
public:
    Employee(void);
    ~Employee(void);
    void CommandJob(Employer *employer);
};
```

Employee.cpp

```
#include "Employee.h"


Employee::Employee(void)
{
}
Employee::~Employee(void)
{
}
void Employee::CommandJob(Employer *employer)
{
    cout<<"일을 지시하다."<<endl;
    employer->DoJob();
}
```

Employer.h

```
#pragma once
#include <iostream>
using std::cout;
using std::endl;
class Employer
{
public:
    Employer(void);
    ~Employer(void);
    void DoJob();
};
```

Employer.cpp

```
#include "Employer.h"
Employer::Employer(void)
{
}
Employer::~Employer(void)
{
}
void Employer::DoJob()
{
    cout<<"일을 수행하다."<<endl;
}
```

Test.cpp

```
#include "Employee.h"
void main()
{
    Employee *employee = new Employee();
    Employer *employer = new Employer();
    employee->CommandJob(employer);
    delete employer;
    delete employee;
}
```

4. 4 의존 관계 (Dependency)

학생과 시험에서처럼 "학생의 성적은 시험 문제의 난이도에 영향을 받는다." 와 같이 특정 개체에 따라 특정 행위에 영향이 생기는 관계를 얘기합니다. 그리고 공장과 상품처럼 "공장에 상품을 주문하면 상품을 생산한다." 와 같이 특정 형식의 개체 생성을 책임질 때에도 의존 관계로 표시합니다.

[그림 4.8]

먼저, 학생이 시험을 보았을 때 성적이 시험의 난이도에 영향을 받는 경우의 예제 코드를 살펴봅시다.

Stu.h

```
#pragma once
#include "Examination.h"

#include <string>
using std::string;

class Stu
{
    string name;
    int score;
public:
    Stu(string _name);
    ~Stu(void);
    void TestAnExamination(Examination *ex);
    int GetScore()const;
};
```

Stu.cpp

```
#include "Stu.h"


Stu::Stu(string _name)
{
    name = name;
    score = -1;
}


Stu::~Stu(void)
{
}
void Stu::TestAnExamination(Examination *ex)
{
    score = 100 - (10 * ex->GetDifficult());
}


int Stu::GetScore()const
{
    return score;
}
```

Examination.h

```
#pragma once


class Examination
{
    int difficult;
public:
    Examination(int _difficult);
    ~Examination(void);
    int GetDifficult()const;
};
```

Examinatio.cpp

```
#include "Examination.h"
Examination::Examination(int _difficult)
{
    difficult = _difficult;
}
Examination::~Examination(void)
{
}
int Examination::GetDifficult()const
{
    return difficult;
}
```

Test.cpp

```
#include "Stu.h"
#include <iostream>
using std::cout;
using std::endl;
void main()
{
    Stu *stu = new Stu("홍길동");
    Examination *ex = new Examination(3);
    stu->TestAnExamination(ex);
    cout<<"난이도:"<<ex->GetDifficult()<<endl;
    cout<<"성적:"<<stu->GetScore()<<endl;
    delete ex;

    Examination *ex2 = new Examination(5);
    stu->TestAnExamination(ex2);
    cout<<"난이도:"<<ex2->GetDifficult()<<endl;
    cout<<"성적:"<<stu->GetScore()<<endl;
    delete ex2;
    delete stu;
}
```

다음은 공장에서 제품을 주문하는 예제 코드를 살펴봅시다.

공장에서는 제품을 주문 생산을 하는데 이와 같은 관계가 있을 때 제품을 생성한 공장에서 소멸을 시키면 좀 더 신뢰성 있는 코드를 작성하실 수 있습니다. 그리고 생성에 대한 부분은 GoF의 디자인 패턴을 보면 5가지의 생성 패턴들을 제시하고 있습니다. 여러분이 C++문법 및 구현 능력을 키우고 나서 설계 능력을 키우기 위한 학습을 하십시오. 이번 장에서는 Factory에서 생성한 제품 개체들을 Factory 소멸자에서 책임을 지는 부분만 다루기로 하고 설계 패턴에 대해서는 논하지 않기로 하겠습니다.

Factory.h

```
#pragma once

#include "Product.h"

#define MAX_PRODUCTS     10

class Factory
{
    Product *products[MAX_PRODUCTS];
    int sellcnt;
public:
    Factory(void);
    ~Factory(void);
    Product *Order();
};
```

Factory.cpp

```
#include "Factory.h"


Factory::Factory(void)
{
    cout<<"공장 생성자 메서드"<<endl;
    sellcnt = 0;
}


Factory::~Factory(void)
{
    cout<<"공장 소멸자 메서드"<<endl;
    for(int i = 0; i < sellcnt ; i++)
    {
        delete products[i];
    }
}
Product *Factory::Order()
{
    Product *product  = new Product();
    products[sellcnt] = product;
    sellcnt++;
    return product;
}
```

Product.h

```
#pragma once
#include <iostream>
using std::cout;
using std::endl;
class Product
{
public:
    Product(void);
    ~Product(void);
};
```

Product.cpp

```
#include "Product.h"


Product::Product(void)
{
    cout<<"제품 생성자 메서드"<<endl;
}

Product::~Product(void)
{
    cout<<"제품 소멸 메서드"<<endl;
}
```

Test.cpp

```
#include "Factory.h"


void main()
{
    Factory *factory = new Factory();
    Product *product = factory->Order();
    Product *product2 = factory->Order();
    delete factory;
}
```

```
C:\Windows\system32\cmd.exe
공장 생성자 메서드
제품 생성자 메서드
제품 생성자 메서드
공장 소멸자 메서드
제품 소멸 메서드
제품 소멸 메서드
```

[그림 4.9]

[그림 4.9]를 보시면 main에서 주문한 제품을 소멸하지 않아도 공장 소멸자 메서드가 수행하면서 자신이 생성했던 개체를 소멸하는 책임을 다하는 것을 확인할 수 있습니다.

4. 5 실현관계 (Realization)

실현관계는 추상적으로 행위에 대한 약속만 정의하고 이를 기반으로 약속된 행위를 구체적으로 정의할 경우에 약속하는 형식과 구체적 정의를 하는 형식 간의 관계입니다. 여기에서 행위에 대한 약속을 정의한 추상 형식을 인터페이스라 부르며 인터페이스를 구현 약속하는 클래스와의 관계를 실현관계라 합니다. 이때 약속된 행위는 묵시적으로 접근 지정자가 public입니다.

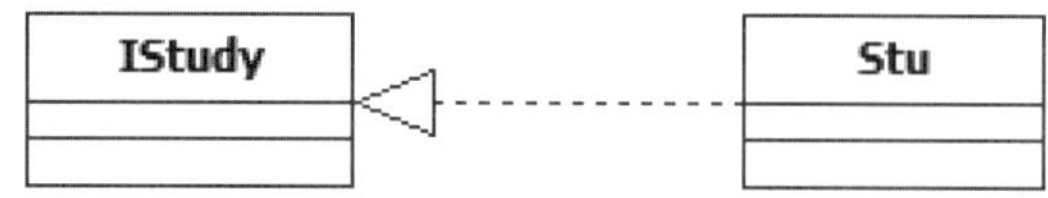

[그림 4.10]

C++ 언어에서는 행위에 대한 추상적인 약속은 순수 가상 함수를 형식 내에 캡슐화하는 방식으로 할 수 있습니다. 순수 가상 함수를 형식 내에 캡슐화할 때에는 virtual 키워드를 앞에 붙이고 메서드 뒤에 =0;를 명시하면 됩니다. 그리고 소스 코드에서 해당 형식에 대한 구체적 구현은 하지 않습니다.

```
virtual Do()=0;
```

Java나 C#에서는 인터페이스를 별도의 형식으로 제공하고 있지만 C++에는 인터페이스 형식을 지원하지 않습니다. 다만 COM 기술에서 #define interface struct 와 같이 매크로 상수를 정의하고 있으며 interface 매크로 상수를 이용하여 순수 가상 함수들로만 구성된 형식을 인터페이스 형식처럼 사용하고 있습니다.

IStudy.h

```
#pragma once


#define interface struct


interface IStudy
{
    virtual void Study()=0;
};
```

Stu.h

```
#pragma once
#include "IStudy.h"

class Stu :
    public IStudy
{
public:
    Stu(void);
    ~Stu(void);
    void Study();
};
```

Stu.cpp

```
#include "Stu.h"

Stu::Stu(void)
{
}

Stu::~Stu(void)
{
}
void Stu::Study()
{
}
```

Test.cpp

```
#include "Stu.h"

void main()
{
    IStudy *istudy = new Stu();
    istudy->Study();
    delete istudy;
}
```

05

일반화 관계(상속)

5.1 일반화 관계

일반화 관계는 음악가와 피아니스트처럼 “피아니스트는 음악가이다.”라는 논리적 관계를 형성하는 관계를 말합니다. C++에서는 이와 같은 관계를 효과적으로 사용할 수 있도록 파생에 관련한 문법을 제공하고 있으며 이러한 특징은 OOP의 상속에 속합니다.

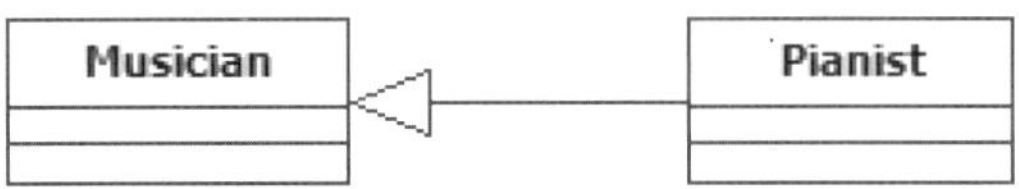

[그림 5.1]

5.1.1 일반화 관계와 파생

C++에서 일반화 관계를 표현할 때 파생에 관련된 문법을 이용합니다. 파생을 표현할 때는 파생 클래스에서 어느 클래스를 기반 클래스로 할 것인지를 다음과 같이 명시하면 됩니다.

```
class Derived : public Base
{
};
```

파생을 표현할 때 기반 클래스의 접근 지정된 것을 파생된 것에서 그대로 계승하고자 할 때 public 키워드를 명시하면 기반 클래스의 각 멤버의 접근 지정도 동일하게 적용됩니다. 단, 기반 클래스의 private으로 지정된 멤버들은 파생 클래스에서는 가시성이 없게 됩니다.

간단하게 파생을 표현하는 예를 보여 드리겠습니다. 음악가 클래스를 기반 클래스로 약속하고 이를 기반으 파생된 피아니스트 클래스를 정의하려 합니다. 음악가 클래스에서는 “연주하다”와 “인사하다”는 멤버 메서드가 있고 피아니스트에서는 “조율하다”는 멤버 메서드가 있게 구현할 것입니다.

그리고 이를 사용하는 테스트 코드에서는 음악가 개체를 하나 생성하여 각 메서드를 사용하는 것을 보여 드리려고 합니다.

Pianist.h - 파생 클래스 헤더

```
#pragma once
#include "Musician.h"
class Pianist : public Musician
{
public:
    void Tuning();
};
```

Pianist.cpp

```
#include "Pianist.h"
void Pianist::Tuning()
{
    cout<<" 조율하다."<<endl;
}
```

Musician.h - base 클래스 헤더

```

#pragma once
#include <iostream>
using std::cout;
using std::endl;

class Musician
{
public:
    Musician();
    virtual ~Musician(void);
    void Play();
    void Greeting()const;
};
```

Musician.cpp

```
#include "Musician.h"
Musician::Musician()
{
}
Musician::~Musician(void)
{
}
void Musician::Play()
{
    cout<<" 연주하다."<<endl;
}
void Musician::Greeting()const
{
    cout<<" 인사하다."<<endl;
}
```

이처럼 파생 관계를 표시하는 것만으로 파생 클래스인 Pianist클래스는 기반 클래스인 Musician의 멤버들을 상속받게 됩니다.

```
#include "Pianist.h"
void main()
{
    Pianist *pianist = new Pianist();
    pianist->Play();
    pianist->Greeting();
    pianist->Tuning();
    delete pianist;
}
```

```
C:\Windows\system32\cmd.exe
연주하다.
인사하다.
조율하다.
```

[그림 5.2]

테스트 코드를 통해 파생된 개체에서는 기반 클래스의 모든 멤버를 상속받음을 확인할 수 있습니다.

주의해야 할 사항으로 기반 클래스에 private으로 접근 지정된 경우에는 파생 클래스 스코프에서 가시성이 없으므로 내부에 존재하지만 보이지 않습니다. 만약, 기반 클래스에 private으로 지정된 멤버 필드의 값을 얻어오거나 설정하는 것을 파생된 스코프에서 가능하게 하고자 한다면 어떻게 해야 할까요?

기반 클래스에서는 파생 클래스에서 값을 얻어오거나 설정할 수 있는 메서드를 만들고 해당 메서드의 접근 지정을 protected로 설정하면 됩니다.

5.1.2 파생 개체 생성 과정 및 초기화

파생 개체가 생성될 때는 먼저 기반 클래스 부분이 형성된 후에 파생 클래스 부분이 형성됩니다. 즉, 기반 클래스의 생성자 메서드가 수행된 후에 파생 클래스의 생성자 메서드가 수행됩니다. 그리고 파생 개체가 소멸될 때는 역으로 파생 클래스의 소멸자 메서드가 수행되고 나서 기반 클래스의 소멸자 메서드가 수행됩니다.

만약, 기반 클래스에 입력 매개 변수가 없는 생성자(기본 생성자)가 정의되지 않고 매개 변수가 있는 생성자만 정의된 경우에는 파생 개체가 생성될 때 어떻게 될까요?

파생 개체가 생성되기 위해선 기반 클래스의 생성자 메서드 부분이 수행이 되어야 하는데, 인자를 어떤 값으로 전달할 것인지 컴파일러가 결정하지 못합니다. 이 경우에 파생된 클래스의 소스 코드에서 멤버 필드 초기화하는 방식처럼 초기화 작업을 해 주어야 합니다. 그렇지 않으면 오류가 발생합니다.

```
Pianist::Pianist(const char *_name):Musician(_name)
{
}
```

다음의 예에서는 기반 클래스인 Musician 클래스에 입력 매개 변수로 이름을 인자로 받는 생성자 메서드를 정의하고 파생 클래스인 Pianist 클래스에서 초기화 기법을 사용하여 기반 클래스의 생성자 메서드 호출 시에 적절한 인자를 전달하는 코드입니다.

그리고, Musician에 있는 이름 필드에 대한 접근 지정이 디폴트인 private으로 설정하였을 때 이를 파생된 클래스인 Pianist 클래스에서 얻어올 수 있게 하는 부분도 살펴보시기 바랍니다. 이를 위해 Musician 클래스에 이름을 반환하는 메서드를 만들고 이에 대한 접근 지정을 protected로 설정함으로써 Pianist 클래스에서 접근할 수 있게 하였습니다.

Musician.h

```
#pragma once
#include <iostream>
using std::cout;
using std::endl;
#include <string>
using std::string;

class Musician
{
    const string name;
public:
    Musician(string _name);
    virtual ~Musician(void);
    void Play();
    void Greeting()const;
protected:
    string GetName()const;//파생 클래스에서 가시성이 있음
};
```

Musicain.cpp

```
#include "Musician.h"

Musician::Musician(string _name):name(_name)
{
    cout<<name<<"Musician 생성자 메서드"<<endl;
}
Musician::~Musician(void)
{
    cout<<name<<"Musician 소멸자 메서드"<<endl;
}
void Musician::Play()
{
    cout<<name<<" 연주하다."<<endl;
}
void Musician::Greeting()const
{
    cout<<name<<" 인사하다."<<endl;
}
string Musician::GetName()const
{
    return name;
}
```

Pianist.h

```
#pragma once
#include "Musician.h"
class Pianist : public Musician
{
public:
    Pianist(string _name);
    ~Pianist();
    void Tuning();
};
```

Pianist.cpp

```
#include "Pianist.h"
Pianist::Pianist(string _name):Musician(_name)
{
    cout<<GetName()<<"Pianist 생성자 메서드"<<endl;
}
Pianist::~Pianist()
{
    cout<<GetName()<<"Pianist 소멸자 메서드"<<endl;
}
void Pianist::Tuning()
{
    cout<<GetName()<<" 조율하다."<<endl;
}
```

Test.cpp

```
#include "Pianist.h"
void main()
{
    Pianist *pianist = new Pianist("홍길동");
    pianist->Play();
    pianist->Greeting();
    pianist->Tuning();
    delete pianist;
}
```

C:\Windows\system32\cmd.exe

```
홍길동Musician 생성자 메서드
홍길동Pianist 생성자 메서드
홍길동 연주하다.
홍길동 인사하다.
홍길동 조율하다.
홍길동Pianist 소멸자 메서드
홍길동Musician 소멸자 메서드
```

[그림 5. 3]

[그림 5.3] 실행 화면을 보시면 파생 개체의 생성은 기반 클래스 ➔ 파생 클래스 순으로 생성되고 소멸은 역순으로 소멸하는 것을 확인하실 수 있습니다.

5.2 무효화

파생을 이용해서 일반화 관계를 형성했을 때 파생 클래스에서 기반 클래스에 정의한 이름과 같은 이름으로 메서드를 만들면 기반 클래스에 정의한 메서드는 무효화가 됩니다.

기반 클래스에 있는 멤버 메서드들 중에 구체적인 구현을 다르게 하고자 한다면 무효화를 이용하면 가능합니다. 만약, 일반 프로그래머가 있고 EH 프로그래머가 있는데 대부분의 행위에 있어 EH 프로그래머는 일반 프로그래머와 같게 일을 한다고 가정을 합시다. 하지만 일반 프로그래머가 프로그래밍을 할 때 "생각하면서 코딩을 한다."와 같이 하는데 EH 프로그래머가 프로그래밍을 할 때는 "생각한 것을 문서화 하고 이를 보면서 코딩을 한다."고 해 볼께요. 이 경우에 일반 프로그래머의 프로그래밍이라는 메서드는 무효화가 됩니다.

무효화의 범위는 메서드 이름을 기준으로 하므로 기반 클래스에 중복 정의된 메서드가 모두 무효화 됩니다.

만약, 일반 프로그래머에 프로그래밍이라는 메서드가 중복되어 있다고 가정을 해 봅시다. 하나는 매개 변수가 없는 메서드, 다른 하나는 매개 변수로 시간을 주는 메소드 형태일 경우 EH 프로그래머에서 프로젝트 명을 입력 인자로 주는 메서드를 만들면 같은 이름을 갖는 일반 프로그래머에 프로그래밍이라는 모든 메서드가 무효화 됩니다.

Programmer.h

```
#pragma once
#include <iostream>
using std::cout;
using std::endl;

class Programmer
{
public:
    Programmer(void);
    virtual ~Programmer(void);
    void Programming();
    void Programming(int tcnt);
};
```

Programmer.cpp

```
#include "Programmer.h"

Programmer::Programmer(void)
{
}

Programmer::~Programmer(void)
{
}
void Programmer::Programming()
{
    cout<<"생각하면서 코딩을 한다."<<endl;
}
void Programmer::Programming(int tcnt)
{
    cout<<tcnt<<"시간 생각하면서 코딩을 한다."<<endl;
}
```

EHProgrammer.h

```
#pragma once
#include "Programmer.h"
#include <string>
using std::string;

class EHProgrammer:
    public Programmer
{
public:
    EHProgrammer(void);
    ~EHProgrammer(void);
    void Programming(string title);
};
```

```
EHProgrammer.cpp
#include "EHProgrammer.h"
EHProgrammer::EHProgrammer(void)
{
}
EHProgrammer::~EHProgrammer(void)
{
}
void EHProgrammer::Programming(string title)
{
    cout<<"프로젝트명:"<<title<<endl;
    cout<<"생각한 것을 문서화하고 이를 보면서 코딩을 한다."<<endl;
}
```

[그림 5.4]는 무효화 된 메서드를 사용하려고 할 때 나는 오류 코드와 실행 화면입니다.

```
#include "EHProgrammer.h"

void main( )
{
    EHProgrammer *ehclub = new EHProgrammer( );
    ehclub->Programming(3);
    delete ehclub;
}
```

1 error C2664: 'EHProgrammer::Programming' : 매개 변수 1을(를) 'int'에서 'std::string'(으)로 변환할 수 없습니다. program.cpp 6

[그림 5.4]

[그림 5.5]는 정상적으로 사용하였을 때의 코드와 실행 화면입니다.

```
#include "EHProgrammer.h"

void main( )
{
    EHProgrammer *ehclub = new EHProgrammer( );
    ehclub->Programming("언제나 휴일");
    delete ehclub;
}
```

C:\Windows\system32\cmd.exe

```
프로젝트 명:언제나 휴일
생각한 것을 문서화 하고 이를 보면서 코딩을 한다.
```

[그림 5.5]

5.2.1 무효화 된 멤버 사용하기

기반 클래스에 특정 메서드의 행위를 파생 클래스에서 해당 행위도 하고 다른 행위도 하게 하려고 할 때에는 어떻게 구현해야 할까요? 이 경우에는 무효화 된 기반 클래스의 멤버 메서드를 파생된 곳에서 기반 클래스 명과 스코프 연산자를 붙여 메서드를 호출하면 무효화 된 멤버를 사용할 수 있습니다.

앞선 예제에서 EH 프로그래머의 프로그래밍 메서드를 시간을 입력 인자로 받는 것으로 수정하고 해당 행위에서는 먼저 "생각한 것을 문서화 한다."를 수행하고 기반 클래스에 무효화 된 메서드를 활용하는 예제를 보여 드리겠습니다. Programmer.h와 Programmer.cpp는 같다고 했을 때 바뀌는 부분만 살펴봅시다.

EHProgrammer.h

```
#pragma once
#include "Programmer.h"

class EHProgrammer:
    public Programmer
{
public:
    EHProgrammer(void);
    ~EHProgrammer(void);
    void Programming(int tcnt);
};
```

EHProgrammer.cpp

```
#include "EHProgrammer.h"
EHProgrammer::EHProgrammer(void)
{
}

EHProgrammer::~EHProgrammer(void)
{
}
void EHProgrammer::Programming(int tcnt)
{
    cout<<"생각을 하고 이를 문서화한다."<<endl;
    Programmer::Programming(tcnt);
}
```

Test.cpp

```
#include "EHProgrammer.h"


void main()
{
    EHProgrammer *ehclub = new EHProgrammer();
    ehclub->Programming(3);
    delete ehclub;
}
```

```
C:\Windows\system32\cmd.exe
생각을 하고 이를 문서화 한다.
3시간 생각하면서 코딩을 한다.
```

[그림 5.6]

[그림 5.6]을 보면 무효화 된 메서드도 수행됨을 확인할 수 있습니다.

5.3 파생 시에 액세스 지정

지금까지 파생을 표현할 때 기반 클래스의 접근 수준을 변경없이 파생하였습니다. 이 외에도 protected 상속과 private 상속이 있는데 어떠한 차이가 있고 어떠한 경우에 사용될 수 있는지 알아봅시다.

파생할 때 기반 클래스 명 앞에 붙는 접근 지정자는 기반 클래스의 멤버들의 가시성이 허용되는 수준 중에 가장 넓은 가시성을 갖을 수 있는 수준을 지정하는 것입니다. 만약, protected 상속을 하였을 경우 기반 클래스에 public인 멤버는 가시성이 protected보다 넓을 수 없기 때문에 protected로 강화됩니다. 주의할 것은 기반 클래스의 private 멤버는 어떠한 상속이든지에 상관없이 파생된 스코프에서는 가시성이 없습니다.

	public 상속	protected 상속	private 상속
public	public	protected	private
protected	protected	protected	private
private	가시성 없음	가시성 없음	가시성 없음

public 상속은 기반 클래스에서 지정한 접근 수준을 파생 클래스에서도 계속 유지됩니다. 물론, private으로 가시성이 지정된 멤버는 파생된 곳에서 보이지 않기 때문에 논외입니다. 하지만 protected 상속은 기반 클래스에 있는 모든 멤버를 파생 관계에 있는 곳이 아닌 곳에서는 가시성이 없게 됩니다. private 상속은 기반 클래스에 있는 모든 멤버를 파생 클래스 자신은 보이지만 자신에서 다시 파생된 모든 스코프까지도 가시성이 없게 됩니다.

protected 상속이나 private 상속은 기존에 제공되던 라이브러리에 제공되는 클래스를 기반으로 감싼 클래스 형태로 만들고자 할 때 많이 사용됩니다. 만약, 감싼 클래스의 개체를 생성해서 사용할 때 기반 클래스의 public 메서드를 숨기게 되어 자신이 제공하는 public 메서드만 사용하게 됩니다. 그리고 private 상속은 파생받은 클래스를 기반으로 다시 파생받은 곳에서 원래 기반 클래스의 멤버에 접근하지 못하게 할 경우에 사용됩니다.

private 상속을 하는 예를 들어볼께요.

정수 값을 보관하는 IntArr 클래스가 이미 정의되어 있다고 가정을 합시다. 해당 클래스에는 맨 뒤에 보관하는 메서드와 특정 인덱스에 보관하는 메서드, 맨 뒤에 값을 얻어오는 메서드, 맨 앞에 값을 얻어오는 메서드 등 수 많은 메서드가 있을 것입니다. 이를 파생을 이용하여 스택을 만들려고 한다고 했을 때 public 상속을 하면 스택을 사용하는 곳에서 접근하면 안 되는 메서드들도 가시성이 있어 접근할 수 있게 됩니다. 이러면 사용하는 곳에서 접근해도 되는 메서드(Push, Pop, IsFull, IsEmpty)들을 만들어 접근 지정을 public으로 설정하고 대신 IntArr 클래스에서 private 상속을 하여 IntArr 클래스의 메서드를 사용자가 접근하지 못하게 막을 수 있습니다.

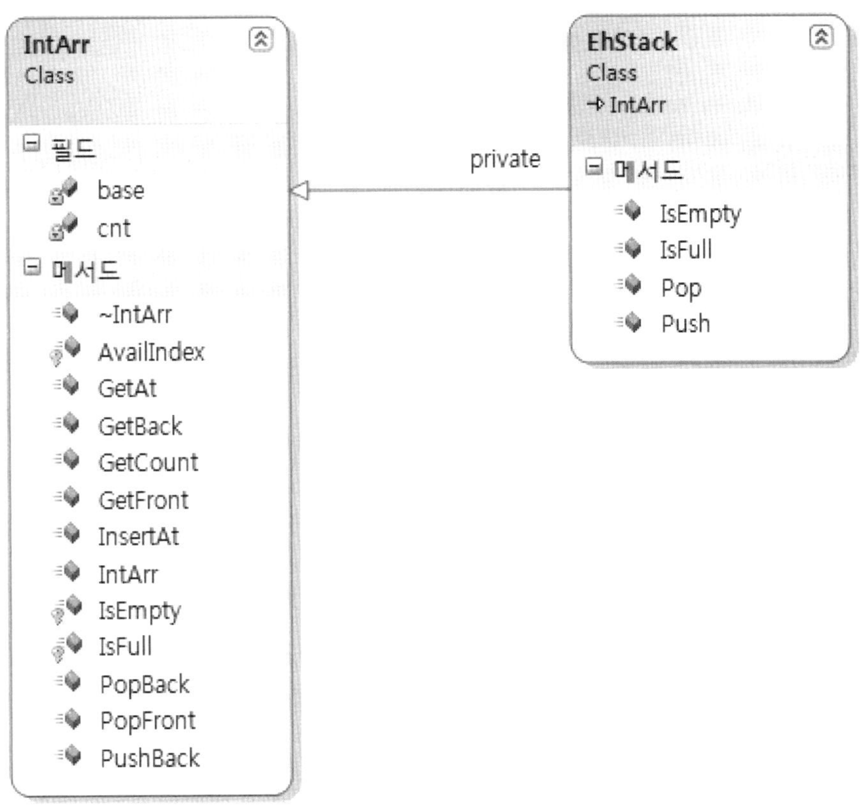

[그림 5.7]

IntArr.h

```
#pragma once

#define MAX_ELEMENTS     100
class IntArr
{
    int base[MAX_ELEMENTS];
    int cnt;
public:
    IntArr(void);
    virtual ~IntArr(void);
    bool PushBack(int val);
    int GetFront()const;
    bool PopFront();
    int GetBack()const;
    bool PopBack();
    int GetAt(int index)const;
    bool InsertAt(int index,int val);
    int GetCount()const;
protected:
    bool IsFull()const;
    bool IsEmpty()const;
    bool AvailIndex(int index)const;
};
```

IntArr.cpp

```
#include "IntArr.h"
#include <memory.h>

IntArr::IntArr(void)
{
    cnt = 0;
}
IntArr::~IntArr(void)
{
}
```

```
bool IntArr::PushBack(int val)
{
    if(IsFull())
    {
        return false;
    }
    base[cnt] = val;
    cnt++;
    return true;
}
int IntArr::GetFront()const
{
    return base[0];
}
bool IntArr::PopFront()
{
    if(IsEmpty())
    {
        return false;
    }
    cnt--;
    memcpy(base,base+1,sizeof(int)*cnt);
    return true;
}
int IntArr::GetBack()const
{
    return base[cnt-1];
}
bool IntArr::PopBack()
{
    if(IsEmpty())
    {
        return false;
    }
    cnt--;
    return true;
}
```

```
int IntArr::GetAt(int index)const
{
    return base[index];
}
bool IntArr::InsertAt(int index,int val)
{
    if(AvailIndex(index)==false)
    {
        return false;
    }
    base[index] = val;
    return true;
}
int IntArr::GetCount()const
{
    return cnt;
}
bool IntArr::IsFull()const
{
    return cnt==MAX_ELEMENTS;
}
bool IntArr::IsEmpty()const
{
    return cnt==0;
}
bool IntArr::AvailIndex(int index)const
{
    return (index>=0) && (index < MAX_ELEMENTS);
}
```

EhStack.h

```
#pragma once
#include "intarr.h"
class EhStack :
    private IntArr
{
public:
    bool Push(int val);
    int Pop();
    bool IsFull()const;
    bool IsEmpty()const;
};
```

EhStack.cpp

```
#include "EhStack.h"

bool EhStack::Push(int val)
{
    return PushBack(val);
}
int EhStack::Pop()
{
    int val = GetBack();
    PopBack();
    return val;
}
bool EhStack::IsFull()const
{
    return IntArr::IsFull();
}
bool EhStack::IsEmpty()const
{
    return IntArr::IsEmpty();
}
```

```
1  #include "EhStack.h"
2  #include <iostream>
3  using std::cout;
4  using std::endl;
5
6  void main()
7  {
8      EhStack *ehstack = new EhStack();
9
10     ehstack->Push(3);
11     ehstack->Push(7);
12     ehstack->Push(8);
13     cout<<ehstack->Pop()<<endl;
14     cout<<ehstack->Pop()<<endl;
15     cout<<ehstack->Pop()<<endl;
16
17     ehstack->InsertAt(0,3);
18
19     delete ehstack;
20 }
```

```
1  error C2247: 'IntArr::InsertAt'에 액세스할 수 없습니다. 이는 'EhStack'이(가) 'private'을(를) 사용하여 'IntArr'에서 상속하기 때문입니다.    program.cpp    17
```

[그림 5.8]

[그림 5.8]은 기반 클래스에 접근 지정이 public으로 설정된 멤버 InsertAt에 접근하려고 할 때 오류가 나는 것을 확인할 수 있습니다. 다음은 정상적으로 사용하는 코드입니다.

Test.cpp

```
#include "EhStack.h"
#include <iostream>
using std::cout;
using std::endl;
void main()
{
    EhStack *ehstack = new EhStack();
    ehstack->Push(3);
    ehstack->Push(7);
    cout<<ehstack->Pop()<<endl;
    cout<<ehstack->Pop()<<endl;
    delete ehstack;
}
```

06

다형성

6.1 개체의 다형성

파생을 통해 얻을 수 있는 이점 중의 하나는 기반 클래스 형식의 포인터 변수로 파생된 개체를 관리할 수 있다는 것입니다. 오케스트라를 형성하는 여러 종류의 음악가를 기반 클래스인 음악가에서 파생을 시켜 피아니스트, 드러머 등을 정의함으로써 하나의 컬렉션에서 관리하는 것은 참으로 매력적인 일이 아닐 수 없습니다.

이처럼 기반 클래스 형식의 포인터 변수로 파생된 개체를 관리를 할 수 있기 때문에 특정 변수가 관리하는 개체는 다양한 형태의 개체를 관리할 수 있게 됩니다. 이때 기반 클래스 형식의 포인터 변수로 파생된 개체 인스턴스를 대입할 때 묵시적으로 상향 캐스팅이 됩니다. 그리고, 이러한 특징은 다형성의 일부가 됩니다.

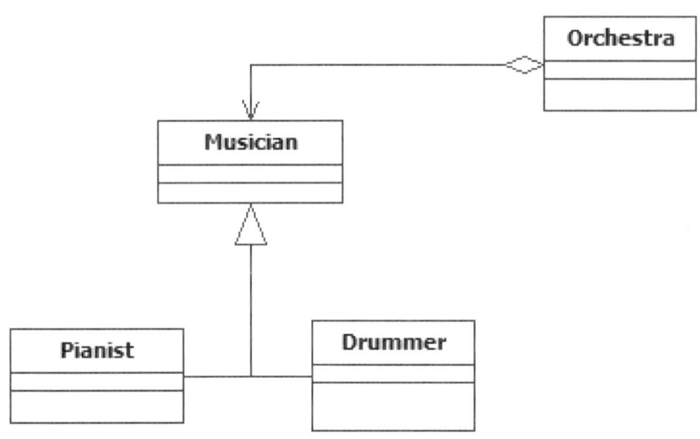

[그림 6.1]

Musician.h

```
#pragma once
#include <iostream>
using std::cout;
using std::endl;

class Musician
{
    const int mnum;
public:
    Musician(int _mnum);
    virtual ~Musician(void);
    void Greeting()const;
};
```

Musician.cpp

```
#include "Musician.h"

Musician::Musician(int _mnum):mnum(_mnum)
{
}

Musician::~Musician(void)
{
}
void Musician::Greeting()const
{
    cout<<mnum<<"번 음악가가 인사합니다."<<endl;
}
```

Pianist.h

```
#pragma once

#include "Musician.h"

class Pianist :
    public Musician
{
public:
    Pianist(int mnum);
};
```

Pianist.cpp

```
#include "Pianist.h"

Pianist::Pianist(int mnum):Musician(mnum)
{
}
```

Drummer.h

```
#pragma once
#include "musician.h"

class Drummer :
    public Musician
{
public:
    Drummer(int mnum);
};
```

Drummer.cpp

```
#include "Drummer.h"

Drummer::Drummer(int mnum):Musician(mnum)
{
}
```

Orchestra.h

```
#pragma once
#include "Pianist.h"
#include "Drummer.h"
class Orchestra
{
    Musician **members;
    const int max_members;
    int now_members;
public:
    Orchestra(int _max_members);
    ~Orchestra(void);
    bool JoinMember(Musician *musician);
    void Greeting()const;
private:
    void InitializeOrchestra();
};
```

Orchestra.cpp

```
#include "Orchestra.h"

Orchestra::Orchestra(int _max_members):max_members(_max_members)
{
    InitializeOrchestra();
}
Orchestra::~Orchestra(void)
{
}
void Orchestra::InitializeOrchestra()
{
    members = new Musician*[max_members];
    now_members = 0;
}
bool Orchestra::JoinMember(Musician *musician)
{
    if(now_members<max_members)
    {
        members[now_members] = musician;
        now_members++;

        return true;
    }
    return false;
}
void Orchestra::Greeting()const
{
    cout<<"최대 단원수:"<<max_members<<" 현재 단원수:"<<now_members<<endl;
    for(int i = 0; i<now_members; i++)
    {
        members[i]->Greeting();
    }
}
```

Orchestra의 멤버들을 기반 클래스 형식의 포인터로 관리하도록 캡슐화 하였습니다.

Example.cpp

```
#include "Orchestra.h"

void main()
{
    Orchestra *orche = new Orchestra(50);
    Pianist *pianist = new Pianist(1);
    Drummer *drummer = new Drummer(2);

    orche->JoinMember(pianist);
    orche->JoinMember(drummer);

    orche->Greeting();

    delete pianist;
    delete drummer;
    delete orche;

}
```

사용한 예를 보시면 실제 생성한 개체는 파생 클래스 형식의 Pianist와 Drummer를 생성하고 입력 매개 변수가 기반 클래스 Musician 포인터인 JoinMember 메서드를 호출하고 있습니다. 이 같은 경우에 C++에서는 상향 캐스팅을 통해 기반 클래스 형식 포인터 변수로 파생된 개체를 관리할 수 있습니다.

```
C:\Windows\system32\cmd.exe
최대 단원 수:50 현재 단원 수:2
1번 음악가가 인사합니다.
2번 음악가가 인사합니다.
```

[그림 6.2]

6.2 메서드의 다형성

기반 클래스 형식 포인터 변수로 파생된 개체를 관리를 할 수 있다는 것은 매우 매력적입니다. 하지만 모든 행위가 모두 동일하게 동작한다면 굳이 기반 클래스와 파생 클래스로 나눌 필요가 없겠지요. 기반 클래스 형식 포인터 변수로 관리하는 개체의 멤버 메서드를 호출할 때에 파생된 각 클래스에서 새롭게 정의한 메서드를 호출할 수 있게 할 수 있습니다. 이처럼 사용하는 곳에서 호출하는 메서드는 동일하지만 실제 동작하는 모습이 다를 수 있다는 것도 중요한 다형성의 특징입니다.

만약, 오케스트라의 모든 음악가가 같은 연주를 한다면 어떤 느낌이 들까요? 아마도 각 음악가가 연주하는 모습이 다르지만 각각의 연주가 조화를 이루기 때문에 더욱 더 장엄하고 아름답게 들리는 것이로 생각됩니다. 프로그램에서도 마찬가지입니다.

예를 들어, 기반 클래스 Musician에서 Play 메서드를 정의하고 파생된 Pianist에서 Play 메서드를 재 정의를 하면 Pianist 개체는 어떻게 연주를 할까요? 아무런 명시도 하지 않으면 Pianist 개체를 관리하는 변수의 형식에 따라 연주하게 됩니다. 즉, Pianist 개체를 Musicain 포인터 변수로 관리할 경우 실제 개체의 형식이 아닌 변수의 형식인 Musician에 정의된 Play 메서드가 수행되고 Pianist 포인터 변수로 관리한다면 Pianist에 정의된 Play 메서드가 수행됩니다. 다음과 같이 Musician과 Pianist의 Play 메서드가 정의되어 있다고 가정합시다.

```
void Musician::Play()
{
    cout<<"랄라라"<<endl;
}
void Pianist::Play()
{
    cout<<"딩동댕"<<endl;
}
```

그리고, 다음의 예처럼 사용한다고 하면 관리하는 변수에 따라 동작합니다.

```
void main()
{
    Musician *musician = new Pianist();
    Pianist *pianist = new Pianist();
    musician->Play();
    pianist->Play();
    delete pianist;
    delete musician;
}
```

이는 컴파일러에서는 생성된 개체가 어떠한 형식인지를 판단하지 않기 때문입니다. 컴파일러에서는 선언된 변수 형식에 따라 다음과 같이 코드를 전개합니다. 다음은 컴파일러에 따라 전개된 코드의 모습일 뿐 실제 코드가 아닙니다.

```
void main()
{
	Musician *musician = new Pianist();
	Pianist *pianist = new Pianist();
	Musician::this = musician;
	Musician::Play();
	Pianist::this = pianist;
	Pianist::Play();
	delete pianist;
	delete musician;
}
```

```
C:\Windows\system32\cmd.exe
딩동댕
딩동댕
```

[그림 6.3]

[그림 6.3]을 보시면 실제 생성한 개체는 둘 다 Pianist 개체를 생성하였지만 관리하는 형식에 따라 Play 메서드가 수행되는 것을 알 수 있습니다.

이와 같이 동작하게 되면 Orchestra에 모든 음악가를 기반 클래스인 Musicain 포인트 형식으로 관리한다고 했을 때 모두 똑같이 Play를 하게 됩니다. 이렇게 동작하는 것은 우리가 원하는 모습이 아닐 수 있습니다. 만약, 관리하는 형식은 기반 클래스인 Musician 포인트 형식이지만 실제 동작하는 것은 실존하는 개체의 형식에 따라 연주를 하게 하려면 어떻게 해야 할까요?

기반 클래스에 특정 메서드를 정의할 때 파생 클래스에서 다르게 정의할 수 있다면 virtual 키워드를 명시하여 캡슐화 하십시오. 이러면 관리하는 형식에 상관없이 실제 실존하는 개체의 형식에 따라 해당 메서드가 동작하게 됩니다.

```
Example.cpp
#include <iostream>
using std::cout;
using std::endl;
class Musician
{
public:
    virtual void Play();
};
void Musician::Play()
{
    cout<<"랄라라"<<endl;
}

class Pianist:public Musician
{
public:
    void Play();
};
void Pianist::Play()
{
    cout<<"딩동댕"<<endl;
}

void main()
{
    Musician *musician = new Pianist();
    Pianist *pianist = new Pianist();
    musician->Play();
    pianist->Play();
    delete pianist;
    delete musician;
}
```

위와 같이 기반 클래스에서 특정 메서드에 virtual 키워드를 명시한 메서드를 가상 메서드라 얘기합니다. 이와 같은 가상 메서드를 하나라도 존재하는 개체가 생성될 때에는 멤버필드 외에 가상 함수들의 코드 메모리 주소를 보관하는 테이블이 동적으로 생성되고 이 테이블의 위치 정보를 개체는 갖게 됩니다. 그리고 파생된 클래스에서 파생 개체의 생성자를 수행하면서 해당 함수가 정의된 코드 주소로 변경하는 작업을 수행하게 됩니다. 그리고, 가상 메서드를 호출하는 부분은 컴파일러 전개에서 가상 함수 테이블에 있는 코드 주소를 호출하는 구문으로 전개합니다. 이러한 이유로 인해 virtual 키워드가 명시된 메서드는 관리하는 형식이 아닌 실존하는 개체의 메서드가 호출하게 되는 것입니다. (여기에서 메서드는 호출할 때 사용되는 도구를 의미하고 함수는 수행할 코드가 정의된 부분을 의미합니다.)

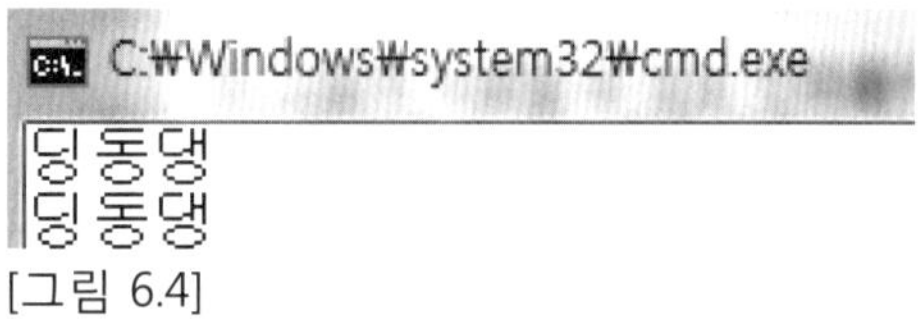

[그림 6.4]

[그림 6.4]를 보시면 관리하는 변수의 형식이 Musician 포인터이든 Pianist 포인터이든 상관없이 실존하는 개체 형식인 Pianist의 Play 메서드가 동작한다는 것을 알 수 있습니다.

```
void main()
{
        Musician *musician = new Pianist();
        musician->Play();(개발자 코드) ➔ musician->VT[0](); (컴파일러 전개된 코드)
        delete musician;
}
```

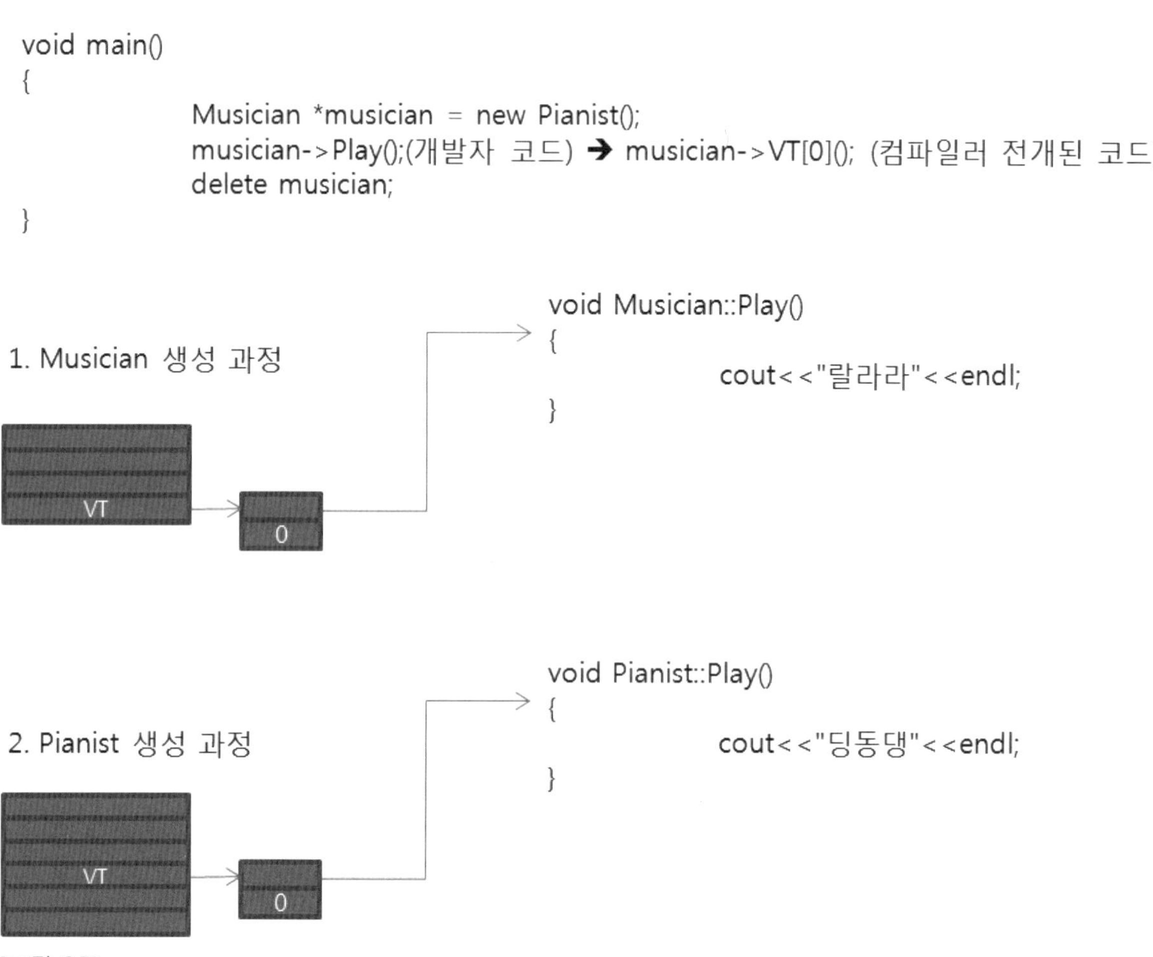

[그림 6.5]

[그림 6.5] 는 Pianist 개체가 생성되는 일련의 과정을 도식한 것입니다. 상속에서 설명했듯이 Pianist 개체가 생성될 때 먼저 기반 클래스인 Musician 부분이 먼저 생성되고 Pianist 부분이 생성됩니다. Musician부분이 생성될 때 내부에 가상 메서드가 있기 때문에 멤버 필드 부분 외에 가상 함수 테이블의 위치 정보를 보관하기 위한 부분이 추가되고 가상 함수 테이블이 동적으로 생성됩니다. 그리고 Musician에 정의된 가상 함수의 코드 메모리 주소가 설정됩니다. Pianist 의 생성자 메서드에서 Panist 부분이 추가 형성되면서 가상 메서드 중에 재 정의된 것이 있다면 해당 코드 메모리 주소로 변경하게 됩니다. 그리고 가상 메서드를 호출하는 부분에 대한 컴파일 전개는 해당 메서드와 연결될 코드 메모리 주소 호출로 전개됩니다.

6.3 하향 캐스팅

다형성은 캡슐화와 상속을 보다 효과적이고 현실 세계에 근접하게 표현할 수 있게 해주는 매력적인 특징입니다. 하지만 기반 클래스 형식 포인터 변수로 파생된 개체를 관리하는 것은 치명적인 단점을 가져오게 합니다. 만약, 기반 클래스 형식에서는 약속할 필요가 없는 메서드가 파생 클래스 형식에 있을 경우 해당 메서드의 접근 수준을 public으로 제공하여도 접근하지 못하게 됩니다. 이러한 약점을 보완하기 위해 많은 OOP언어에서는 런 타임에 파생 개체 형식으로 캐스팅하는 방법을 제공하고 있으며 이를 하향 캐스팅이라 합니다.

C++언어에서는 dynamic_cast를 통해 하향 캐스팅을 제공하고 있습니다. dynamic_cast를 사용하면 관리되는 실 개체의 형식이 캐스팅이 가능하지 않다면 0을 반환하고 맞다면 유효한 변환을 해 줍니다.

```
Musician *players[2];
players[0] = new Pianist();
players[1] = new Drummer();

for(int i = 0; i<2; i++)
{
        players[i]->Play();
}

Pianist *pianist=0;

for(int i = 0; i<2; i++)
{
        pianist = dynamic_cast<Pianist *>(players[i]);
        if(pianist != 0)
        {
                pianist->Tuning();
        }
}
```

예를 들어, 음악가 중에 피아니스트는 튜닝을 하고 드러머는 튜닝을 하지 않는다고 가정합시다. 그리고, 이들은 이 외에 많은 부분에 공통점이 있어 이들의 공통점들을 일반화하여 기반 클래스 음악가를 정의하기로 합시다. 이러한 음악가들을 구성하고 있는 오케스트라에서 공연을 할 때 피아니스트들은 튜닝을 먼저 하고 이 작업이 끝나고 나서 다 같이 연주한다고 한다면 다형성을 통해 일반화된 기능을 사용하고 하향 캐스팅을 통해 피아니스트의 튜닝과 같은 파생 클래스 형식에만 있는 기능을 사용할 수 있을 것입니다.

07
연산자 중복 정의

7.1 연산자 중복 정의

연산자 중복 정의란 "피연산자 중에 최소 하나 이상이 사용자 정의 형식일 경우에 해당 연산에 대한 기능을 정의하는 것"을 말합니다. (참고로, 포인터 형식은 사용자 정의 형식이 아닙니다.)

C++에서 연산자 중복 정의를 지원하는 이유는 사용자로서 ==와 같은 연산자를 사용하는 것이 IsEqual이라는 메서드를 사용하는 것보다 더 직관적일 수 있기 때문입니다. 하지만 사용자가 생각하는 것과 제공자의 의도가 서로 다르다면 오히려 이는 신뢰성이 떨어지고 유지 보수 비용이 늘어나게 되는 요인이 될 수가 있습니다. 이러한 이유로 모든 OOP언어에서 연산자 중복 정의를 문법적으로 지원하는 것은 아닙니다. 그리고 이를 지원하는 언어들도 사용자가 연산자 중복 정의를 할 때 지켜야 하는 수준이 조금씩 다릅니다.

여러분은 연산자 중복 정의 문법을 이용할 때 언어에서 요구하는 문법 수준이 까다롭지 않으면 언어에서 제공하는 유연성을 효과적으로 활용할 필요가 있지만 이에 따르는 모든 신뢰성에 관한 책임을 개발자가 가져야 한다는 점에 유의하시기 바랍니다. 이를 위해 언제나 연산자 중복 정의하는 것이 해당 연산이 상징하는 의미와 객관적으로 보았을 때 일치하는지 고민을 할 필요가 있습니다.

C++언어에서 연산자 중복 정의에서는 피연산자 중에 최소 하나 이상이 사용자 정의 형식이어야 한다는 것과 피연산자의 개수를 지키는 범위에서 대부분 허용하고 있습니다. 기본적인 사항은 다음과 같습니다.

- 피연산자 중에 최소 하나는 사용자 정의 형식이어야 한다.
- 기본적으로 함수 중복 정의의 규칙을 따른다.
- 피연산자의 개수를 바꿀 수 없다.
- 모든 연산에 대해 중복 정의할 수 있는 것은 아니다.
- 연산자 우선 순위를 변경할 수 없다.
- 연산자 중복 정의는 전역 스코프와 클래스 스코프에서 할 수 있다.
- 논리적으로 연산 행위에 맞는 지에 대한 여부에 대한 판단을 컴파일러가 하지 않는다.

7.1.1 전역 연산자 중복 정의

전역에서 연산자 중복 정의를 할 때에는 다음과 같은 포맷을 갖게 됩니다.

```
[리턴 형식] operator [연산기호] (피 연산자 리스트)
{
   [기능 구현]
}
```

전역 연산자 중복 정의를 하는 간단한 예를 들어 보기로 할게요.

학생 클래스에 기본 키 역할을 하는 번호 필드를 반환하는 메서드를 이용을 하는 것을 == 연산자를 사용할 수 있도록 만들어 보겠습니다.

Stu.h

```
#pragma once
#include <iostream>
#include <string>
using namespace std;

class Stu
{
    const int num;
    string name;
public:
    Stu(int _num,string _name);
    int GetNum()const;
};

bool operator == (int num, const Stu &stu);
```

학생 클래스에는 이미 기본 키 역할을 하는 번호를 반환하는 메서드가 이미 구현되어 있으며 전역에 구현할 == 연산자 중복 정의에 필요한 시그니쳐를 선언을 추가하였습니다.

```
bool operator == (int num, const Stu &stu);
```

Stu.cpp

#include "Stu.h"
Stu::Stu(int _num,string _name):num(_num)
{
    name = _name;
}
int Stu::GetNum()const
{
    return num;
}
bool operator == (int num, const Stu &stu)
{
    return stu.GetNum() == num;
}

소스 파일에서는 == 연산자 중복 정의 구현에서는 이미 구현이 되어 있는 Stu 클래스의 GetNum 메서드를 호출하여 비교한 결과를 반환하는 코드만 추가하면 되겠네요.

이처럼 구현하면 사용하는 곳에서 int 형식과 Stu 형식을 피 연산자로 하는 == 연산자를 사용하면 중복 정의한 operator== 메서드가 호출이 됩니다. 주의하실 사항은 Stu * 형식은 사용자 정의 형식이 아니며 Stu 형식이 사용자 정의 형식이라는 것입니다. [그림 7.1]을 보시면 이 같은 경우에 컴파일 오류가 발생함을 알 수 있습니다.

```
#include "Stu.h"

void main( )
{
    Stu *stu = new Stu(3,"홍길동");
    int num;

    cin>>num;
    if( num == stu )
    {
        cout<<"일치함"<<endl;
    }
}
```

1	error C2446: '==' : 'Stu *'에서 'int'(으)로 변환되지 않았습니다.	example.cpp	9
2	error C2040: '==' : 'int'의 간접 참조 수준이 'Stu *'과(와) 다릅니다.	example.cpp	9

[그림 7.1]

```
Example.cpp
```

```
#include "Stu.h"
void Test(Stu *stu,int num);
void main()
{
    Stu *s = new Stu(3,"홍길동");
    Test(s,4);          Test(s,3);
}
void Test(Stu *stu,int num)
{
    if( num == (*stu) )
    {
        cout<<"일치함"<<endl;
    }
    else
    {
        cout<<"일치하지않음"<<endl;
    }
}
```

이처럼 연산자 중복 정의를 하면 사용자로서는 좀 더 직관적으로 사용할 수 있게 됩니다. 하지만 컴파일러에서는 연산자 중복 정의를 구현한 코드의 논리가 해당 연산에 적절한지에 대한 논리적 부분은 검증하지 않기 때문에 이에 관한 책임은 개발자의 몫입니다. 그리고 사용자는 앞의 예와 같이 사용할 수 있다면 Stu 형식과 정수형 사이에도 == 연산자가 가능할 것이로 생각할 수 있지만 [그림 7.2]을 보면 가능하지 않음을 알 수 있습니다. 연산자 중복 정의를 할 때에는 사용할 개발자의 입장을 고려하여 신뢰성이 떨어지지 않게 구현하여야 합니다.

```
#include "Stu.h"

void main( )
{
    Stu *stu = new Stu(3,"홍길동");
    int num;

    cin>>num;
    if((*stu) == num )
    {
        cout<<"일치함"<<endl;
    }
}
```

1 error C2678: 이항 '==' : 왼쪽 피연산자로 'Stu' 형식을 사용하는 연산자가 없거나 허용되는 변환이 없습니다. example.cpp 9

[그림 7.2]

7.1.2 클래스에 연산자 중복 정의

연산자 중복 정의는 전역과 클래스에서 할 수 있다고 하였습니다. 이번에는 클래스에서 연산자 중복 정의를 하는 방법에 관하서 얘기해 보도록 합시다.

클래스에서 연산자 중복 정의를 할 때에는 클래스 내에 어떠한 연산에 대해서 중복 정의할 것인지 캡슐화하고 이에 대해 구현을 해야 합니다. 이때, 전역에서 정의하는 것과 다른 점은 피연산자 중에 좌항은 해당 클래스 형식으로 약속된다는 점입니다. 그리고 캡슐화할 때 자신의 형식에 대한 피연산자는 입력 매개변수 리스트에서 생략합니다.

Stu.h

```
#pragma once
#include <iostream>
#include <string>
using namespace std;

class Stu
{
    const int num;
    string name;
public:
    Stu(int _num,string _name);
    int GetNum()const;
    bool operator == (int num)const;
};

bool operator == (int num, const Stu &stu);
```

Stu.h의 예제 코드와 같이 Stu 클래스 내에서 연산자 중복 정의를 할 때에는 입력 인자 중에 좌항은 Stu형식이 오는 것은 이미 언어에서 약속되어 있기 때문에 개발자는 입력 매개변수 리스트에 명시하지 않습니다.

```
Stu.cpp
#include "Stu.h"
Stu::Stu(int _num,string _name):num(_num)
{
    name = _name;
}
int Stu::GetNum()const
{
    return num;
}
bool Stu::operator == (int num)const
{
    return this->num == num;
}
bool operator == (int num, const Stu &stu)
{
    return stu == num;
}
```

Stu.cpp 소스 파일에는 클래스 정의에서 캡슐화를 약속한 연산자 중복 정의 함수를 구현해야 할 것입니다. 이 같은 경우에 동일한 연산자에 대한 중복 정의를 전역에서도 구현할 경우 위처럼 클래스에 중복 정의한 연산을 사용하여 구현을 하십시오. 그러면 논리적 버그가 있을 때 클래스 내에 중복 정의한 코드만 수정하더라도 자연스럽게 전역에 정의한 것에도 반영됩니다.

```
bool Stu::operator == (int num)const
{
        return this->num == num;
}
bool operator == (int num, const Stu &stu)
{
        return stu == num;
}
```

위와 같이 교환 법칙이 성립하는 연산을 중복 정의할 경우에 클래스와 전역에 모두 정의하여 사용하는 개발자가 유연하게 사용할 수 있게 하세요. 또한, 지금과 같이 == 연산에 대해 중복 정의를 했다면 사용하는 개발자가 이와 연관된 연산(!=)도 사용이 가능할 것이라 유추할 수 있는 것이 있다면 이에 대해서도 구현해 주는 것이 효과적일 것입니다. 참고로 C#언어에서는 이 같은 경우에 컴파일러가 연관되는 연산에 대해 중복 정의를 같이 하지 않으면 오류를 발생시킵니다. C++언어에서는 컴파일러에서 오류를 발생하지 않으므로 개발자가 신중하게 구현하여야 합니다.

7.2 연산자 중복 정의 예

C++ 언어에서 연산자 중복 정의를 할 때 연산 종류에 따라 좀 더 세심한 주의를 해야 하는 연산들이 있습니다. 여기에서는 이러한 연산 중에 대입 연산, [] 연산, 묵시적 형 변환 연산, 증감 연산에 대해 살펴봅시다.

7.2.1 대입 연산자 중복 정의

C++에서 클래스를 정의할 때 사용자가 정의하지 않아도 컴파일러에 의해 기본적으로 제공되는 디폴트 멤버들이 있습니다. 이러한 멤버에는 this, 디폴트 기본 생성자, 디폴트 소멸자, 디폴트 복사 생성자 및 디폴트 대입 연산자가 있습니다.

여기서는 디폴트 대입 연산자에 대해 알아보기로 하겠습니다.

C++에서 클래스를 정의할 때 대입 연산자를 중복정의를 하지 않으면 컴파일러에 의해 기본적으로 디폴트 대입 연산자를 정의해 줍니다. 이는 변수 선언문 이외의 구문에서 = 연산자를 사용할 경우에 수행되며 할당된 메모리를 덤핑하도록 작성되어 있습니다. 이 경우에 = 연산의 우항에 있는 멤버 필드와 동일한 상태의 값으로 개체의 멤버 필드가 바뀌게 됩니다. 만약, 특정한 멤버 필드만 복사하기를 원하거나 특정 멤버 필드에 동적으로 생성하여 보관해야 한다면 중복 정의하여 직접 행위를 구현하면 됩니다. 그리고 디폴트 대입 연산자의 경우는 = 우항에 오는 형식이 자기 자신과 동일한 경우에 대해 정의되어 있는 것이기 때문에 다른 형식을 대입하는 것에 대해서도 가능하게 하려고 한다면 개발자가 연산자 중복 정의를 해 주어야 합니다.

이제 대입 연산자 중복 정의에 대해 하나씩 확인해 보도록 합시다. 제일 먼저 디폴트 대입 연산자가 가능하다는 것을 확인해 보도록 하겠습니다.

Musician.h

```
#pragma once
#include <iostream>
#include <string>
using namespace std;
class Musician
{
    int num;
    string name;
public:
    Musician();
    Musician(int _num,string _name);
    virtual ~Musician(void);
    void View();
};
```

```
Musician.cpp
#include "Musician.h"
Musician::Musician(int _num,string _name)
{
    num = _num;
    name = _name;
}
Musician::Musician()
{
    num = 0;
    name = "";
}
Musician::~Musician(void){}
void Musician::View()
{
    cout<<"번호:"<<num<<" 이름:"<<name<<endl;
}
```

현재 Musician 클래스에는 대입 연산자를 중복 정의를 하지 않았습니다. 이 경우에 사용하는 곳에서 대입 연산자를 사용하면 어떻게 될까요? [그림 7.3]을 보시면 다른 연산자를 사용하면 해당 연산자에 대해 중복 정의를 하지 않았다는 오류가 발생하는 것을 알 수 있습니다. 하지만 [그림 7.4]와 같이 대입 연산자에 대해서는 오류 없이 잘 동작합니다. 이를 통해 디폴트 대입 연산자가 존재함을 알 수 있습니다.

```
#include "Musician.h"
void main()
{
    Musician *mu= new Musician(3,"홍길동");
    Musician *mu2 = new Musician(3,"홍길동");
    if((*mu) == (*mu2))
    {
        cout<<"서로 같다."<<endl;
    }
    delete mu2;
    delete mu;
}
```

9 error C2676: 이항 '==' : 'Musician'이(가) 이 연산자를 정의하지 않거나 미리 정의된 연산자에 허용되는 형식으로의 변환을 정의하지 않습니다. example.cpp 6

[그림 7.3]

```
#include "Musician.h"
void main( )
{
    Musician *mu= new Musician(3,"홍길동");
    Musician *mu2 = new Musician( );

    (*mu2) = (*mu);
    mu->View( );
    mu2->View( );
    delete mu;
    delete mu2;
}
```

C:\Windows\system32\cmd.exe

```
번호:3 이름:홍길동
번호:3 이름:홍길동
```

[그림 7.4]

이번에는 변수 선언 시에 초기화 구문이 아닌 곳에서 대입 연산자를 사용할 때만 대입 연산자가 호출된다는 것에 대해 살펴보겠습니다. 변수 선언 시에 =를 사용할 경우에는 복사 생성자가 호출됩니다. 그리고 그 외에는 대입 연산자가 호출이 됩니다. 이를 확인하기 위해 다음과 같이 Musician 클래스에 대입 연산자를 중복 정의를 하고 테스트를 해 보겠습니다. 먼저, 대입 연산자의 입력 매개 변수는 const Musician &형식으로 디폴트 대입 연산자와 같은 형식으로 하겠습니다. 이를 정의하면 디폴트 대입 연산자는 만들어지지 않습니다. 그리고 대입 연산자는 i=j=k; 와 같이 연쇄 작업이 가능해야 하기 때문에 반환 형식을 Musician &로 하겠습니다.

Musician.h

```
#pragma once
#include <iostream>
#include <string>
using namespace std;
class Musician
{
    int num;
    string name;
public:
    Musician();
    Musician(int _num,string _name);
    virtual ~Musician(void);
    Musician &operator=(const Musician &mu);
    void View();
};
```

대입 연산자를 중복 정의하는 함수에서는 테스트 목적상 화면에 대입 연산자가 호출되었음을 출력하도록 할게요.

```
Musician.cpp
#include "Musician.h"
... 이전 예와 동일하므로 생략...
Musician &Musician::operator=(const Musician &mu)
{
    cout<<"대입 연산자가 호출되었음"<<endl;
    num = mu.num;
    name = mu.name;
    return (*this);
}
```

이처럼 구현하면 [그림 7.5]와 같이 개체 생성과 동시에 =를 통해 초기화할 경우에 대입 연산자가 호출되지 않고 선언문 외에서 =을 사용할 때에만 대입 연산자가 호출됨을 알 수 있습니다. 선언문에서 =를 사용하면 대입 연산자가 수행되는 것이 아니고 복사 생성자가 호출됩니다.

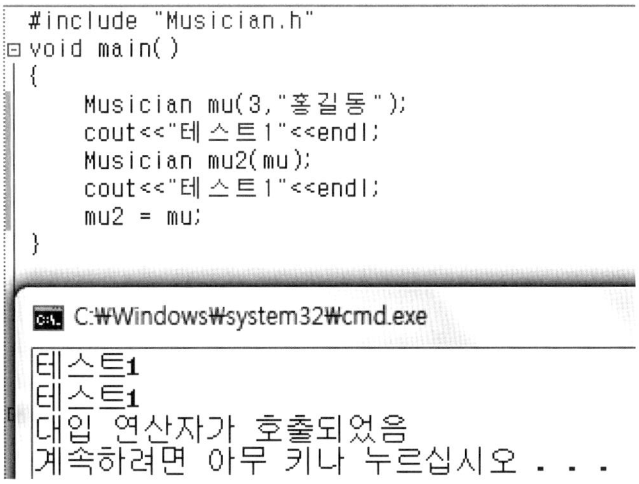

```
#include "Musician.h"
void main()
{
    Musician mu(3,"홍길동");
    cout<<"테스트1"<<endl;
    Musician mu2(mu);
    cout<<"테스트1"<<endl;
    mu2 = mu;
}
```

```
C:\Windows\system32\cmd.exe
테스트1
테스트1
대입 연산자가 호출되었음
계속하려면 아무 키나 누르십시오 . . .
```

[그림 7.5]

이번에는 대입 연산자를 반드시 중복 정의를 하는 것을 권장하는 경우에 대해 얘기해 보도록 할께요. 개체 내부에서 동적으로 다른 개체를 생성하여 관리하는 경우에 대입 연산자를 사용하면 내부의 개체는 같은 개체를 참조하게 됩니다. 이 경우에 각각의 소유 개체가 피 소유 개체를 독립적으로 유지되어야 하도록 프로그래밍해야 할 것입니다. 우리가 대입 연산자를 정의하지 않고 디폴트 대입 연산자를 사용하게 되면 두 개의 소유 개체가 같은 피 소유 개체를 소유하게 됩니다. 이 경우 피 소유 개체를 다른 소유 개체에서 소멸하였을 때 이미 소멸한 개체를 소유하게 되는 문제가 발생합니다.

예를 들기 위해 Musicain 클래스에 악기를 소유하는 형태를 만들어 보도록 하겠습니다. 먼저, 악기에 대한 클래스로 Instrument를 간략하게 정의 및 구현해 봅시다.

Instrument.h

```
#pragma once
#include <iostream>
#include <string>
using namespace std;

class Instrument
{
    string name;
public:
    Instrument(string _name);
    string GetName()const;
};
```

Instrument.cpp

```
#include "Instrument.h"

Instrument::Instrument(string _name)
{
    name = _name;
}
string Instrument::GetName()const
{
    return name;
}
```

음악가 클래스인 Musician에는 멤버 필드로 Instrument를 관리하는 필드를 추가하고 대입 연산자 중복 정의에서는 기존 음악가의 악기를 복사 생성하여 대입하는 구문을 작성해 주어야 음악가별로 별도의 악기를 소유할 수 있습니다.

Musician.h

```
#pragma once
#include "Instrument.h"
class Musician
{
    int num;
    string name;
    Instrument *instrument;
public:
    Musician();
    Musician(int _num,string _name,Instrument* _instrument);
    virtual ~Musician(void);
    Musician &operator=(const Musician &mu);
    void View();
};
```

음악가의 소멸자에서는 내부에서 동적으로 생성한 악기가 있는지를 확인하여 존재하는 경우에 소멸에 관한 책임을 표현해 주어야 합니다. 컴파일러에서는 이에 관한 책임을 개발자가 다하지 않는다고 하더라도 컴파일 오류를 발생하지 않을뿐더러 프로그램 동작 중에도 이 때문에 프로그램이 잘못 동작함을 발견하기 어렵습니다. 하지만 프로그램에서는 이미 필요없으며 관리되지 않는 개체에 대한 메모리가 계속 존재함으로써 서버 프로그램 같은 경우에 메모리 누수때문에 해당 프로세스가 점진적으로 쓸데없는 개체를 위해 할당된 메모리로 인해 무거워지고 느려질 수 있습니다.

대입 연산자에서는 입력 인자로 전달받은 음악가의 악기를 복사 생성하여 대입해 주는 구문을 작성해 줌으로써 악기를 각각의 음악가가 독립적으로 소유하게 할 수 있을 것입니다.

Musician.h

```
#include "Musician.h"
Musician::Musician(int _num,string _name,Instrument* _instrument)
{
    num = _num;
    name = _name;
    instrument = _instrument;
}
Musician::Musician()
{
    num = 0;
    name = "";
    instrument = 0;
}
Musician::~Musician(void)
{
    if(instrument)
    {
        delete instrument;
    }
}
void Musician::View()
{
    cout<<"번호:"<<num<<" 이름:"<<name<<endl;
    cout<<instrument->GetName()<<"를 연주합니다."<<endl;
}

Musician &Musician::operator=(const Musician &mu)
{
    num = mu.num;
    name = mu.name;
    instrument = new Instrument(*(mu.instrument));
    return (*this);
}
```

```
#include "Musician.h"
void main()
{
    Musician *mu= new Musician(3,"홍길동",new Instrument("피아노"));
    Musician *mu2 = new Musician();

    (*mu2) = (*mu);
    mu->View();
    mu2->View();
    delete mu;
    delete mu2;
}
```

```
C:\Windows\system32\cmd.exe
대입 연산자가 호출되었음
번호:3 이름:홍길동
피아노를 연주합니다.
번호:3 이름:홍길동
계속하려면 아무 키나 누르십시오 . . .
```

[그림 7.6]

[그림 7.6]을 보시면 정상적으로 동작함을 알 수 있습니다. 만약, 대입 연산자를 중복 정의하지 않고 디폴트 대입 연산자에 의해 동작하면 어떻게 될까요? [그림 7.7]과 같이 음악가가 소멸하면서 내부에 악기를 소멸하는 곳에서 버그가 발생하게 됩니다.

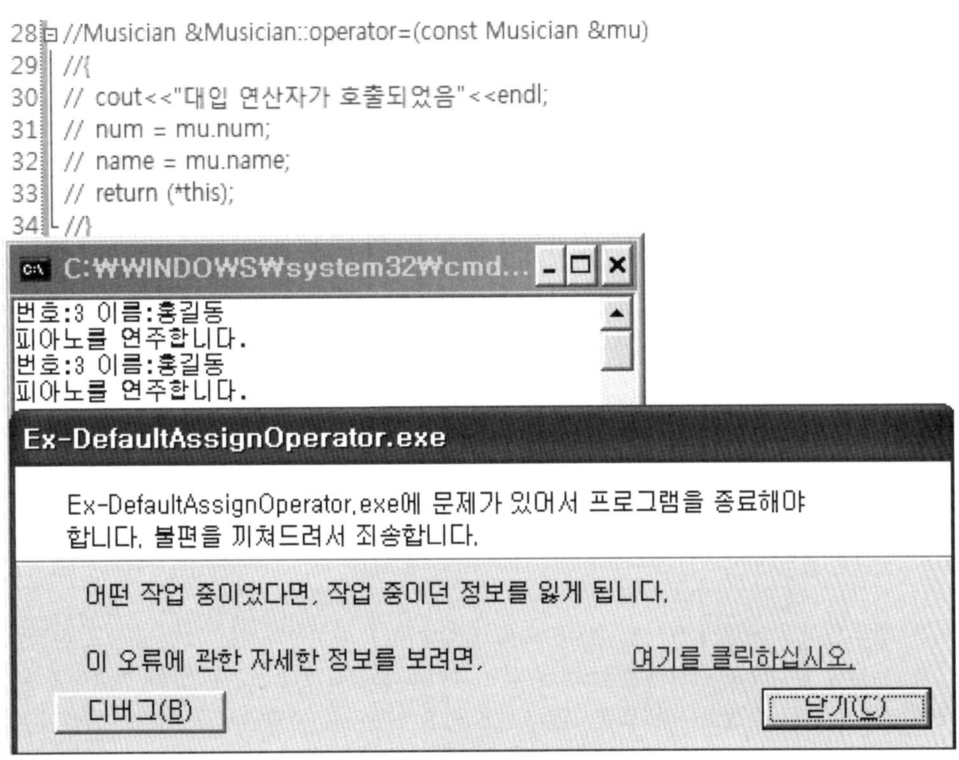

[그림 7.7]

7.2.2 [ ] 연산자 중복 정의

이번에는 배열과 같은 다른 자료들을 보관하는 컬렉션에서 보관된 자료에 접근하기 위해 제공하는 [] 연산자 중복 정의에 관해 얘기해 보도록 하겠습니다. 먼저, [] 연산자의 피 연산자를 무엇으로 할 것인지와 리턴 형식을 무엇으로 하는 것이 타당한지에 대해 살펴봅시다.

이를 위해 C언어와 C++에서 배열을 사용하는 예를 살펴볼게요.

```
int arr[10];
int i=0;
arr[8]=i;
i=arr[8];
```

위의 코드와 같이 [] 연산자에는 배열의 이름과 index가 피 산자로 오게 됩니다. 우리는 배열과 같이 자료들을 보관할 컬렉션을 구현할 것이기 때문에 []연산자의 좌항은 우리가 정의할 컬렉션 형식이 오게 하고 우항으로 index에 해당하는 정수가 오게 하면 되겠네요. 그렇다면 리턴 형식은 어떻게 정의를 해야 할까요? 연산 결과가 대입 연산자의 좌항에 올 수 있어야 하면서 보관된 형식이어야 합니다. 대입 연산자의 좌항으로 올 수 있게 하기 위해서는 원소 형식의 &를 반환하면 원소 형식처럼 사용도 가능한 l-value가 됩니다.

참고로, l-value는 대입 연산자 좌항에 올 수 있는 표현을 말합니다.

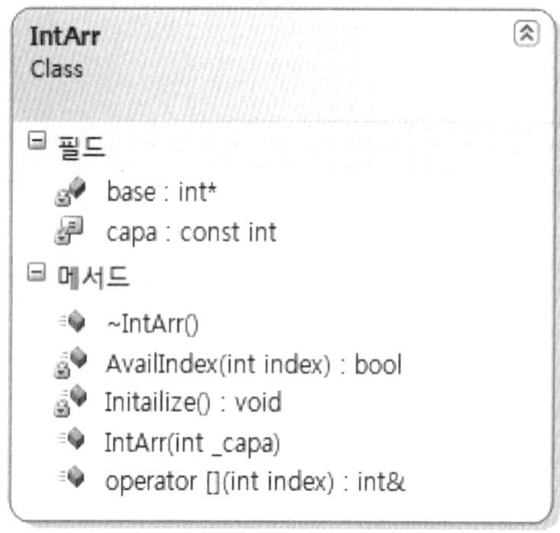

[그림 7.8]

여기에서는 [그림 7.8]과 같은 멤버들로 구성한 컬렉션을 만들어 보기로 할게요. IntArr 클래스는 정수를 보관하는 컬렉션입니다. 멤버 필드로는 자료들을 보관하는 버퍼의 시작 위치를 관리하는 멤버 basr가 있고 버퍼의 크기에 해당하는 capa가 있습니다.

버퍼의 생성자에서는 입력 인자로 버퍼의 크기를 전달받도록 하겠습니다. 생성자에서는 입력 인자로 전달받은 만큼의 크기를 갖는 버퍼를 동적으로 생성하면 될 것입니다. 그리고 보관하거나 보관된 값을 변경하기 위해 [] 연산자를 중복 정의를 하기로 하겠습니다. 소멸자에서는 컬렉션 개체가 생성되면서 동적으로 생성한 버퍼를 소멸하는 작업이 필요하겠네요.

내부적으로 호출하여 사용할 멤버로는 컬렉션 개체가 생성될 때 버퍼의 각 원소르 0으로 초기화하는 멤버 메서드를 추가하겠습니다. 그리고 [] 연산자를 중복 정의함에 입력 인자로 넘어온 index가 해당 컬렉션에서 사용할 수 있는 인덱스인지를 확인하는 내부 멤버 메서드가 필요할 것입니다. 그리고 뒤에서 예외처리를 소개할 것인데 [] 연산자를 잘못 사용하면 예외를 발생시켜 잘못된 코드가 있다는 것을 알리기로 하겠습니다.

만약, [] 연산자를 잘못 사용할 경우 예외를 처리하지 않으면 프로그램은 종결되어 개발자로 하여금 잘못된 코드가 있다는 것을 개발 시에 인지할 수 있게 해 줍니다.

다음은 이에 대한 예제 코드입니다.

IntArr.h

```
#pragma once
class IntArr
{
    int *base;
    const int capa;
public:
    IntArr(int _capa);
    ~IntArr(void);
    int &operator[](int index);
private:
    void Initailize();
    bool AvailIndex(int index);
};
```

IntArr.cpp

```
#include "IntArr.h"
IntArr::IntArr(int _capa):capa(_capa)
{
    base = new int[capa];
    Initailize();
}
IntArr::~IntArr(void)
{
    delete[] base;
}
int &IntArr::operator[](int index)
{
    if(AvailIndex(index))
    {
        return base[index];
    }
    throw "잘못된 인덱스를 사용하였습니다.";
}
void IntArr::Initailize()
{
    for(int i = 0;i<capa;i++)
    {
        base[i] = 0;
    }
}
bool IntArr::AvailIndex(int index)
{
    return (index>=0)&&(index<capa);
}
```

다음은 이와 같이 작성된 컬렉션 클래스를 사용하는 예제 코드입니다.

Example.cpp

```
#include "IntArr.h"
#include <iostream>
using namespace std;
void main()
{
    IntArr arr(5);

    for(int i = 0;i<5;i++)
    {
        arr[i] = i * i;
    }
    for(int i = 0;i<5;i++)
    {
        cout<<"arr["<<i<<"]:"<<arr[i]<<endl;
    }
}
```

그리고 [그림 7.9]는 이를 실행했을 때의 화면입니다.

```
C:\Windows\system32\cmd.exe
arr[0]:0
arr[1]:1
arr[2]:4
arr[3]:9
arr[4]:16
```

[그림 7.9]

7.2.3 묵시적 형 변환 연산자 중복 정의

C++언어에서 int 형식과 char 형식은 상호 묵시적 형 변환이 가능합니다. 이는 int 형식 변수에 char 형식의 값을 대입한다고 하더라도 컴파일 내부에서 묵시적으로 char 형식의 값을 int 형식의 값으로 묵시적 형 변환하여 대입하기 때문입니다. C++언어에서는 사용자 정의 형식에 대해서도 묵시적 형 변환 연산자를 중복 정의할 수 있게 문법을 제공하고 있습니다. 이 경우 형 변환하고자 하는 형식명을 묵시적 형 변환 연산자 중복 정의에 나타내는 연산 기호로 사용이 되며 리턴 형식은 형 변환하고자 하는 형식임이 자명하므로 개발자가 잘못된 리턴 형식을 기재할 수 없도록 하고 있습니다. 즉, 묵시적 형 변환 연산자를 중복 정의할 때 리턴 형식을 명시할 수 없습니다. 그리고 묵시적 형 변환 연산자는 단항 연산자이므로 클래스에 정의할 때에는 입력 매개 변수 리스트가 비게 되며 전역에서 정의할 때에는 사용자 정의 형식이 오게 됩니다. 다음은 Stu 형식과 int 형식 사이에 묵시적 형 변환 연산자를 중복 정의하는 예입니다.

Stu.h

```
#pragma once
#include <string>
using namespace std;
class Stu
{
    const int num;
    string name;
public:
    Stu(int _num,string _name);
    operator int();
};
```

Stu.cpp

```
#include "Stu.h"
Stu::Stu(int _num,string _name):num(_num)
{
    name = _name;
}
Stu::operator int()
{
    return num;
}
```

묵시적 형 변환하고자 하는 형식명이 operator 키워드 뒤에 오는 것과 반환 형식을 명시하지 않지만 반환 구문이 있다는 것을 확인하시기 바랍니다.

다음은 묵시적 형 변환이 정상적으로 가동하는 것을 보여주기 위한 테스트 코드입니다.

Example.cpp

```
#include "Stu.h"
#include <iostream>
void main()
{
    Stu *stu = new Stu(3,"홍길동");
    if((*stu) == 3)
    {
        cout<<"일치합니다."<<endl;
    }
    delete stu;
}
```

앞에서 계속 얘기를 했듯이 묵시적 형 변환 연산자를 중복 정의를 할 경우에도 사용자는 개발자가 제공하는 형 변환 연산에 대해 충분히 인지할 수 있어야 할 것입니다. 묵시적 형 변환하는 값이 학생의 번호나 이름과 같이 사용하는 개발자로서도 충분히 인지할 수 있다면 효과적이겠지만 학생의 아이큐나 성적과 같은 값을 묵시적 형 변환의 값으로 반환한다면 오히려 사용함에 불편할 수 있을 것입니다.

7.2.4 증감 연산자 중복 정의

이번에는 증감 연산자 중복 정의에 대하여 살펴보기로 합시다. 아시는 것처럼 증감 연산자는 단항 연산자이면서 전위에 연산자가 오거나 후위에 연산자가 올 수 있습니다. 그리고 전위에 왔을 때와 후위에 왔을 때 수행되는 연산의 결과는 내부의 값이 1 증가 혹은 1 감소이지만 연산 결과는 전위에 왔을 때에는 연산 후의 결과 자체가 오고 후위에 왔을 때에는 연산을 수행하기 이전의 값이 오게 됩니다.

그런데 증감 연산자를 중복 정의할 때 입력 매개 변수 리스트는 어떻게 결정해야 전위인지 후위인지 컴파일러가 판단할 수 있을까요? C++언어에서 증감 연산자의 후위 연산을 중복 정의할 때에는 피연산자를 int 형식이 추가로 오는 것으로 표현하도록 약속하였습니다.

간단한 예를 통해 살펴보도록 할께요.

```
Example.cpp
class MyInt
{
    int val;
public:
    MyInt(int _val=0):val(_val)
    {   }
    MyInt &operator++()
    {
        val++;
        return (*this);
    }
    const MyInt operator++(int)
    {
        MyInt re(*this);
        val++;
        return re;
    }
    operator int()const
    {
        return val;
    }
};
#include <iostream>
using namespace std;
void main()
{
    MyInt mi;
    mi = 3;
    cout<<++mi<<endl;
    cout<<mi<<endl;
    mi = 3;
    cout<<mi++<<endl;
    cout<<mi<<endl;
}
```

위의 예제 코드를 실행해 보면 [그림 7.10]과 같이 전위 ++ 연산과 후위 ++ 연산이 적절하게 호출됨을 알 수 있습니다.

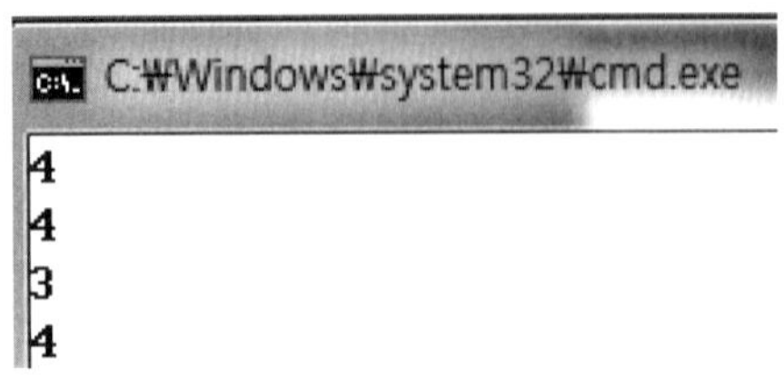

[그림 7.10]

7.3 개체 출력자

C++ 표준 기구에서는 iostream은 프로그램의 데이터를 출력 스트림에 보내거나 입력 스트림으로부터 데이터를 얻어오기 위한 목적으로 제공하고 있습니다. 여기에서는 우리가 정의하는 형식 개체에 대해서도 출력 스트림인 ostream을 통해 내보내는 방법에 대해 먼저 얘기를 해 보도록 합시다.

개체의 정보를 다른 매체로 내보내는 도구를 개체 출력자라 합니다. 여기에서는 ostream을 통해 개체의 정보를 다른 매체로 내보내기 위한 방법을 살펴볼 것입니다. 우리는 이미 cout이라는 ostream 기반의 개체와 << 연산자를 통해 여러 기본 형식들을 화면에 출력하고 있습니다. 이는 ostream 클래스 내부에서 다양한 기본 형식에 대해 << 연산자 중복 정의가 되어 있기 때문입니다.

LikeAsOStream.h

```
#pragma once
#include <stdio.h>
extern const char *Endl;
class LikeAsOStream
{
public:
    LikeAsOStream &operator<<(int val);
    LikeAsOStream &operator<<(char val);
    LikeAsOStream &operator<<(const char *val);
    LikeAsOStream &operator<<(float val);
};
```

```
LikeAsOStream.cpp
#include "LikeAsOStream.h"
const char *Endl="\n";
LikeAsOStream &LikeAsOStream::operator<<(int val)
{
    printf("%d",val);
    return (*this);
}
LikeAsOStream &LikeAsOStream::operator<<(char val)
{
    printf("%c",val);
    return (*this);
}
LikeAsOStream &LikeAsOStream::operator<<(const char *val)
{
    printf("%s",val);
    return (*this);
}
LikeAsOStream &LikeAsOStream::operator<<(float val)
{
    printf("%f",val);
    return (*this);
}
```

이와 비슷한 형태로 ostream클래스에는 << 연산자 중복 정의가 되어 있어 printf 함수를 사용할 때 어떠한 형식을 출력하기를 원하는지를 명시하지 않아도 컴파일러가 적절한 함수 호출로 연결하여 [그림 7.11]과 같이 출력할 수 있는 것입니다.

```
#include "LikeAsOStream.h"
void main()
{
    LikeAsOStream lout;
    lout<<3<<"hello"<<'a'<<3.45f<<Endl;
}
```

```
C:\Windows\system32\cmd.exe
3helloa3.450000
```

[그림 7.11]

또한, ostream 클래스는 ofstream의 기반 클래스이며 파일 스트림에 출력을 할 때도 cout을 통해 화면에 출력하는 것과 같은 방식으로 가능합니다.

```
Example.cpp
#include <fstream>
using namespace std;

void main()
{
    ofstream of("data.txt");
    of<<"번호:"<<3<<" 이름:"<<"홍길동"<<endl;
    of.close();
}
```

우리는 여기에서 출력 스트림이 화면에 출력하기 위한 개체이든 파일에 출력하기 위한 개체이든 상관없이 사용자가 정의한 클래스 형식도 출력할 수 있게 해 봅시다.

이를 위해서는 ostream 형식과 우리가 출력하고자 하는 형식을 입력 인자로 받는 << 연산자를 중복 정의해야 할 것입니다. 그리고 ostream은 C++ 언어의 형식이 아니고 C++ 표준 기구에서 제공하는 사용자 정의 형식이기 때문에 우리가 출력하고자 하는 형식이 Stu *와 같은 경우도 연산자 중복 정의가 가능합니다. 주의해야 할 것 중 하나가 << 연산을 하였을 때 반환 형식인데 cout<<num<<name<<endl; 과 같이 연쇄 작업이 가능하게 하기 위해서는 ostream &를 반환하도록 정의해야 합니다. 그리고 ostream은 이미 정의되어 있기 때문에 우리는 전역에 연산자 중복 정의를 해야 합니다. 우리가 전역에 연산자 중복 정의를 통해 출력할 형식은 기본 형식이 아닌 사용자 정의 형식 혹은 사용자 정의 형식의 포인터가 참조하는 개체일 것입니다. 이 경우 전역에 정의한 연산자 중복 정의 함수에서 개체의 private으로 접근 지정된 멤버에 접근하는 것이 불가능합니다. 이 경우 friend로 등록함으로써 private으로 지정된 멤버에 접근을 허용하는 것은 정보 은닉성을 파괴하는 것일까요? 아마도 해당 연산자 중복 정의를 위한 전역 함수에 대한 정의를 클래스 내부에 하는 것이 타당하나 개체의 정보를 출력할 때 << 연산자의 좌항에 ostream 개체가 오기 때문에 ostream 클래스 내부에 << 연산자를 중복 정의를 해야 합니다. 하지만, ostream 클래스는 우리가 정의한 것이 아니기 때문에 전역에서 연산자 중복 정의를 할 수 밖에 없는 것이죠. 이 경우 해당 전역 함수를 우리가 정의하는 클래스의 접근 권한이 private으로 설정한 멤버에 접근한다고 해서 정보 은닉성이 떨어지는 것은 아닐 것입니다.

friend 로 지정된 전역 함수를 Stu 클래스 내부에 정의하는 방식으로 개체 출력자를 정의해 봅시다. 예제와 같이 friend로 지정된 함수가 클래스 내부에 정의되어 있어도 이는 클래스의 멤버가 아닙니다.

```
Example.cpp
#pragma once
#include <iostream>
#include <string>
using namespace std;
class Stu
{
    const int num;
    string name;
public:
    Stu(int _num,string _name):num(_num)
    {
        name = _name;
    }
    friend ostream &operator << (ostream &os,const Stu *stu)
    {
        os<<(*stu);
        return os;
    }
    friend ostream &operator << (ostream &os,const Stu &stu)
    {
        os<<"번호:"<<stu.num<<" 이름"<<stu.name<<endl;
        return os;
    }
};
void main()
{
    Stu *stu = new Stu(3,"홍길동");
    cout<<stu;
    delete stu;
    Stu stu2(4,"강감찬");
    cout<<stu2;
}
```

7.4 함수 개체

함수 개체란 함수 호출 연산자가 중복 정의되어 해당 개체를 함수처럼 사용할 수 있는 개체를 말합니다. 이는 직접 연관 관계에 있을 때에 명령을 내릴 수 있는 개체는 명령을 받아 수행하는 개체의 위치를 알고 있지만, 역으로 명령을 받아 수행하는 개체가 명령을 내리는 개체를 알게 구현하는 것은 전체 프로그램 구조를 취약하게 만듭니다. 하지만 특정한 경우에 피 명령 개체가 특정 사실을 명령 개체에게 알려줄 필요가 생기는데 이 같은 경우에 콜백(호출하는 방향이 제공자에서 사용자를 호출하는 것)을 구현하게 됩니다. 이와 같은 콜백을 구현함에 있어 명령 개체에서 정의한 함수를 피 명령 개체에게 명령을 지시할 때 입력 인자로 전달하여 해당 함수가 정의된 코드를 수행하게 할 수 있습니다. 또 다른 방법으로 함수 개체를 입력 인자로 전달하여 특정 사건이 발생할 때 전달받은 함수 혹은 함수 개체를 호출함으로써 명령 개체에게 이를 통보할 수 있게 됩니다. 여기에서는 이와 같은 함수 개체를 만드는 방법과 어떠한 곳에서 사용되는지 살펴봅시다.

먼저, 함수 호출 연산자를 중복 정의하는 방법을 살펴볼게요. 함수 호출 연산자는 () 연산자를 중복 정의를 하면 되고 입력 매개 변수 리스트는 함수 개체를 정의하는 개발자가 정하게 됩니다.

간략한 예로 사칙연산을 하는 Calculator 클래스에 함수 호출 연산자 중복 정의를 해 보도록 할게요.

Calculator.h

```
#pragma once

class Calculator
{
public:
    enum CmdType{ADD,SUB,MUL,DIV};
    int operator()(int a,int b,CmdType ctype);
private:
    int Add(int a,int b);
    int Sub(int a,int b);
    int Mul(int a,int b);
    int Div(int a,int b);
};
```

Calculator.h를 보시면 () 호출 연산자의 입력 인자로는 계산할 두 수와 사칙 연산 종류를 받고 연산 결과로 정수를 반환할 수 있게 약속하였습니다.

Calculator.cpp

```
#include "Calculator.h"
int Calculator::operator()(int a,int b,CmdType ctype)
{
    switch(ctype)
    {
    case ADD: return Add(a,b);
    case SUB: return Sub(a,b);
    case MUL: return Mul(a,b);
    case DIV: return Div(a,b);
    }
    return 0;
}
int Calculator::Add(int a,int b)
{
    return a+b;
}
int Calculator::Sub(int a,int b)
{
    return a-b;
}
int Calculator::Mul(int a,int b)
{
    return a*b;
}
int Calculator::Div(int a,int b)
{
    if(b)
    {
        return a/b;
    }
    throw "젯수가 0 일 수 없습니다.";
}
```

Calculator.cpp 파일을 보시면 ()호출 연산자 중복 정의한 함수에서는 입력 인자로 받은 사칙 연산 종류에 따라 각 연산을 수행하는 함수를 호출하여 결과를 반환하도록 구현하였습니다.

```
#include "Calculator.h"
#include <iostream>
using namespace std;
void main()
{
    Calculator ca;
    int i = 6, j=3;
    cout<<i<<"+"<<j<<"="<<ca(i,j,Calculator::ADD)<<endl;
    cout<<i<<"-"<<j<<"="<<ca(i,j,Calculator::SUB)<<endl;
    cout<<i<<"*"<<j<<"="<<ca(i,j,Calculator::MUL)<<endl;
    cout<<i<<"/"<<j<<"="<<ca(i,j,Calculator::DIV)<<endl;
}
```

```
C:\Windows\system32\cmd.exe
6+3=9
6-3=3
6*3=18
6/3=2
```

[그림 7.12]

[그림 7.12]에서 보시는 것처럼 Calculator 형식의 개체 ca를 마치 함수처럼 호출하는 것이 가능하다는 것을 알 수 있습니다. 이와 같이 함수 호출 연산자가 중복 정의되어 있어 개체를 함수처럼 호출할 수 있는 개체를 함수 개체라 부릅니다.

이제 함수 개체를 사용했을 때 효과적으로 프로그래밍 할 수 있는 한 가지 예를 살펴보기로 하겠습니다.

회원 관리 프로그램을 만들려고 하는데 아직 회원에 대한 구체적인 부분은 결정되지 않았습니다. 다만, 해당 프로그램에서는 회원을 순차적으로 보관하고 원하는 방식으로 회원들을 정렬할 수 있고 특정 조건에 맞는 회원을 찾거나 보관된 전체 회원에 대해 공통된 작업을 수행하는 등의 작업이 가능하게 구현하려고 합니다. 현재까지 약속된 것을 기반으로 회원을 보관하는 컬렉션을 정의할 수는 없을까요? 이와 경우에 수행할 행위의 추상적인 약속을 하고 구체적인 행위에 대해서는 컬렉션을 사용하는 곳에서 정의하게 할 수 있습니다. 그리고 사용하는 곳에서는 구체적인 명령 개체를 생성하여 컬렉션의 메서드 호출 시에 입력 인자로 전달하게 하면 컬렉션에서 이를 호출하여 원하는 목적을 달성할 수 있습니다. 이와 비슷한 경우에 대한 설명을 GoF의 디자인 패턴에서는 [그림 7.13]과 같이 Command 패턴으로 설명하고 있습니다.

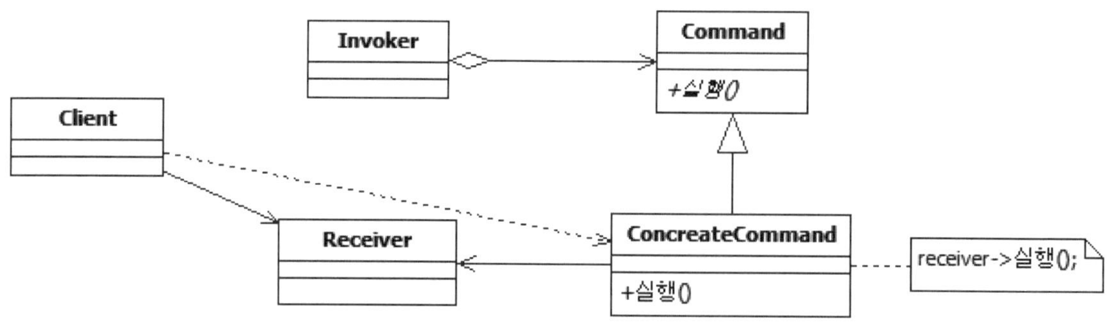

[그림 7.13]

[그림 7.14]는 예제로 보여 줄 데모의 클래스 다이어그램 일부분입니다.

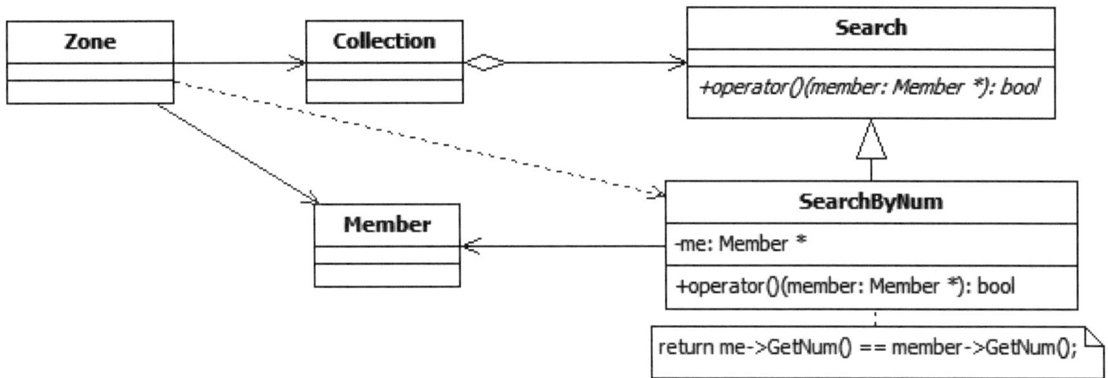

[그림 7.14]

회원 관리 프로그램에 모든 개체를 관리하는 개체는 Zone클래스로 정의를 해 봅시다. Zone 클래스에서는 회원들을 Collection 개체를 통해 보관하고 특정 조건에 맞게 검색하고 정렬하는 등의 작업을 수행할 것입니다. Collection은 검색에 필요한 추상화 된 기반 클래스 형식인 Search를 사용하여 Zone이 요구하는 회원을 검색해 줍니다. 실제 회원을 비교하는 클래스는 Search 클래스에서 파생된 SearchByNum 클래스입니다. 이는 Zone에서 개체를 생성하여 Collection 개체에 검색을 질의할 때 해당 개체를 입력 인자로 전달할 것입니다. 이 외에도 특정 조건으로 비교하여 정렬을 하는 부분과 Collection에 보관된 모든 회원들에 대해 특정 작업을 수행하게 하는 부분도 비슷한 매커니즘으로 수행할 수 있게 구현해 봅시다.

먼저, Collection 클래스와 Command들에 대한 추상화 된 클래스들을 정의 및 구현해 봅시다.

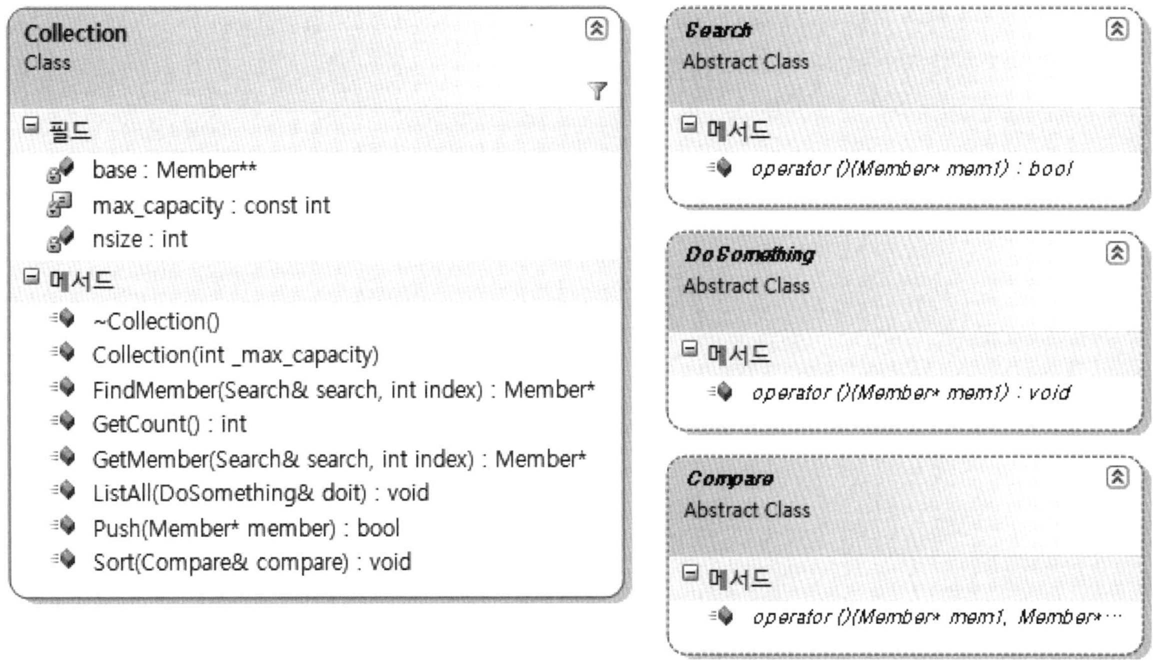

[그림 7.15]

[그림 7.15]는 여기서 구현할 Collection 클래스의 멤버 필드와 public으로 노출할 메서드들과 Command들에 대한 추상화 된 클래스들입니다.

먼저, 여기서 구현할 Collection 클래스의 각 멤버들에 대한 역할에 대해 살펴봅시다.

멤버 명	설명
base	Member 개체들을 보관할 버퍼의 위치 정보
max_capacity	버퍼의 크기
nsize	현재 보관된 개체 수
~Collection	소멸자 메서드
Collection	생성자 메서드
FindMember	index 위치부터 특정 조건에 맞는 Member 개체 찾아준다.
GetCount	현재 보관된 개체 수를 반환한다.
GetMember	index 위치부터 특정 조건에 맞는 Mebmer 개체를 찾아 반납한다.
ListAll	특정 논리를 보관된 모든 Member 개체에 적용한다.
Push	Member 개체를 순차적으로 보관한다.
Sort	특정 비교 논리를 이용하여 정렬한다.

그리고, Command들에 대한 추상 클래스로는 보관된 Member 를 입력 인자로 받아 특정 조건이 참인지를 확인할 수 있는 Search 클래스, 보관된 전체 Member 개체들에게 특정 논리를 적용하는 DoSomething 클래스, 정렬에 필요한 특정 비교 논리를 위한 Compare 클래스를 추상 클래스로 약속을 할 것입니다. 이처럼 구현하면 Collection 개체를 사용하는 Zone 개체에서는 검색하기 위한 특정 논리를 Search 클래스를 파생받아 순수 가상 함수인 operator()를 재 정의한 클래스 개체를 FindMember나 GetMember 메서드를 호출할 때 입력 인자로 전달하면 이를 이용하여 원하는 개체를 찾아줄 수 있습니다. 이 외에 필요한 메서드가 있다고 생각하시면 각자가 추가해 보시기 바랍니다.

다음은 이들 클래스를 정의한 헤더 파일입니다. Compare, DoSomething, Search 클래스를 보시면 함수 연산자가 중복 정의된 순수 가상 함수가 있는 추상 클래스 형태로 되어 있습니다.

Collection.h

```
#pragma once
#include "Member.h"
class Compare
{
public:    virtual int operator()(Member *mem1,Member *mem2)=0;
};
class DoSomething
{
public:    virtual void operator()(Member *mem1)=0;
};
class Search
{
public:    virtual bool operator()(Member *mem1)=0;
};
class Collection
{
    Member **base;
    const int max_capacity;
    int nsize;
public:
    Collection(int _max_capacity);
    ~Collection(void);
    Member *FindMember(Search &search,int index=0);
    Member *GetMember(Search &search,int index=0);
    int GetCount()const;
    int GetCapacity()const;
    void ListAll(DoSomething &doit);
    bool Push(Member *member);
    void Sort(Compare &compare);
    bool IsFull()const;
private:
    void Erase(int index);
};
```

다음은 Collecion의 각 멤버 메서드를 구현한 소스 코드입니다.

Collection.cpp

```
#include "Collection.h"
Collection::Collection(int _max_capacity):max_capacity(_max_capacity),nsize(0)
{
    base = new Member*[max_capacity];
}
Collection::~Collection(void)
{
    delete[] base;
}
Member *Collection::FindMember(Search &search,int index)
{
    for(int i = 0; i < nsize ; i++)
    {
        if(search(base[i]))
        {
            return base[i];
        }
    }
    return 0;
}
Member *Collection::GetMember(Search &search,int index)
{
    Member *re=0;
    for(int i = 0; i < nsize ; i++)
    {
        if(search(base[i]))
        {
             re = base[i];
            Erase(i);
            break;
        }
    }
    return re;
}
```

```
bool Collection::Push(Member *member)
{
    if(IsFull())
    {
        return false;
    }
    base[nsize] = member;
    nsize++;
    return true;
}

void Collection::ListAll(DoSomething &doit)
{
    for(int i = 0; i< nsize ; i++)
    {
        doit(base[i]);
    }
}

void Collection::Sort(Compare &compare)
{
    Member *temp=0;
    for(int i = 0; i < nsize ; i++)
    {
        for(int j=i+1; j < nsize; j++)
        {
            if(compare(base[i],base[j])>0)
            {
                temp = base[i];
                base[i]=base[j];
                base[j]=temp;
            }
        }
    }
}
```

```
void Collection::Erase(int index)
{
    int nsize_minus_one = nsize-1;
    for(int i = index; i<nsize_minus_one;i++)
    {
        base[i] = base[i+1];
    }
    nsize_minus_one;
}
int Collection::GetCount()const
{
    return nsize;
}
int Collection::GetCapacity()const
{
    return max_capacity;
}
bool Collection::IsFull()const
{
    return max_capacity == nsize;
}
```

FindMember 메서드나 GetMember 메서드 등을 보면 추상 클래스 형식의 참조 형태의 변수로 인자로 전달받은 구체화한 함수 개체를 이용하여 비교나 원하는 논리의 개체를 검색 등에 사용됩니다.

```
Member *Collection::FindMember(Search &search,int index)
{
     for(int i = 0; i < nsize ; i++)
     {
               if(search(base[i]))
               {
                         return base[i];
               }
     }
     return 0;
}
```

이들을 사용하는 코드들을 살펴보기로 합시다. 먼저, Member 클래스는 다음과 같이 간단하게 회원 번호와 이름을 멤버 필드로 갖고 개체 출력자를 구현을 하였습니다.

Member.h

```
#pragma once
#include "MyGlobal.h"
class Member
{
    const int num;
    string name;
public:
    Member(int _num,string _name);
    int GetNum()const;
    string GetName()const;
};
extern ostream &operator<<(ostream &os,const Member &member);
extern ostream &operator<<(ostream &os,const Member *member);
```

Member.cpp

```
#include "Member.h"
Member::Member(int _num,string _name):num(_num),name(_name){}
int Member::GetNum()const{ return num;}
string Member::GetName()const
{
    return name;
}
ostream &operator<<(ostream &os,const Member &member)
{
    os<<"번호:"<<member.GetNum()<<endl;
    os<<"이름:"<<member.GetName()<<endl;
    return os;
}
ostream &operator<<(ostream &os,const Member *member)
{
    return os<<*member;
}
```

그리고 Zone에서 수를 입력받거나 문자열을 입력받거나 메뉴를 선택하기 위해 기능 키를 입력받는 정적 메서드들로 구성된 MyGlobal 클래스를 정의하겠습니다.

MyGlobal 클래스는 여기서 얘기하고자 하는 함수 개체와는 아무런 관련성이 없는 부분입니다. MyGlobal 클래스는 개체 인스턴스를 만들 수 없게 하고 전체 프로그램에서 사용하게 될 함수들을 정적 멤버 메서드로 구현을 하는 방법을 보여주는 예입니다. Java나 C#과 같은 언어에서는 전역 스코프를 지원하지 않지만 MyGlobal 클래스와 같이 노출 수위가 public인 정적 멤버들로 구성된 클래스를 정의하여 모든 스코프에서 이들을 전역 스코프에 있는 자원처럼 사용할 수 있게 해 줍니다. 물론, C++에서는 전역 스코프를 지원하기 때문에 이처럼 제공하지 않고 전역에 함수를 정의하여 사용할 수도 있습니다.

MyGlobal에서는 기능 키를 입력받는 메서드 GetKey를 제공하고 있습니다. 그리고 GetKey에서 반환하는 형식을 MyGlobal 클래스 내부에 열거형 형식으로 KeyData를 정의하였습니다. 이처럼 형식 내부에 형식을 정의하는 경우에도 내부 형식의 접근 수준이 public인 경우에만 외부 스코프에서 사용할 수 있습니다.

MyGlobal.h

```
#pragma once
#include <iostream>
#include <string>
using namespace std;
#pragma warning(disable:4996)
class MyGlobal
{
public:
    enum KeyData
    {
        NO_DEFINED,F1,F2,F3,F4,F5,F6,F7,ESC
    };
    static int GetNum();
    static string GetStr();
    static KeyData GetKey();
private:
    MyGlobal(void){}
    ~MyGlobal(void){}
};
```

먼저, 정수를 입력받는 메서드에 대해서 살펴보기로 합시다. cin과 >> 연산자를 통해 정수를 입력을 받으면 최종 사용자가 정수가 아닌 문자를 입력하면 이에 대해 처리하지 않고 cin의 내부 버퍼에 처리하지 않은 문자들이 존재하게 됩니다. 이 때문에 cin과 >> 연산을 통해 다시 입력을 받으려 할 때 최종 사용자로부터 스트림을 입력받지 않고 내부 버퍼에 있는 스트림을 사용하게 됩니다. 이러한 특징이 C로 콘솔 프로그래밍을 할 때 처리가 쉽지 않을 수 있습니다.

```
#include <string>
#include <iostream>
using namespace std;
void main()
{
    int num=0;
    string name="";

    cout<<"번호를 입력하세요."<<endl;
    cin>>num;

    cout<<"이름을 입력하세요."<<endl;
    cin>>name;

    cout<<"번호:"<<num<<" 이름:"<<name<<endl;

}
```

```
C:\Windows\system32\cmd.exe
번호를 입력하세요.
my number is 12
이름을 입력하세요.
번호:0 이름:
```

[그림 7.16]

[그림 7.16]을 보면 정수를 입력해야 하는 곳에서 최종 사용자가 잘못 입력했을 때 다음 입력에도 영향을 준다는 것을 알 수 있습니다. 여기에서는 최종 사용자로부터 하나의 스트림을 지역 변수에 입력 받고 cin의 버퍼를 비워준 후에 지역 변수에 있는 것을 정수로 변환하여 반환하도록 함으로써 이러한 문제를 해결하였습니다.

```
int MyGlobal::GetNum()
{
    int num;
    char buf[256+1];
    cin.getline(buf,256);
    cin.clear();
    sscanf(buf,"%d",&num);
    return num;
}
```

또한, cin과 >>를 통해 문자열을 입력받을 때 공백이나 탭이 중간에 입력되면 이들 이전까지만 하나의 문자열로 얻어오게 되고 마찬가지로 나머지는 cin의 내부 버퍼에 존재하게 되어 다음 입력 시에 최종 사용자로부터 스트림을 입력받지 않고 내부 버퍼에 있는 것을 사용하게 됩니다. 여기에서는 하나의 스트림을 지역 변수에 받아온 후에 cin 내부 버퍼는 비워주고 받아온 것을 반환하는 형태로 구현하였습니다.

```
string MyGlobal::GetStr()
{
    char buf[256+1];
    cin.getline(buf,256);
    cin.clear();
    return buf;
}
```

마지막으로 기능 키를 입력받는 GetKey 메서드는 getch를 이용하여 구현하였습니다. getch 함수는 F1이나 F2 등의 기능 키를 입력한 것을 판단하기 위해서는 getch함수를 두 번 호출해야 합니다. getch 함수를 호출하였을 때 F1키를 누르면 0을 반환하고 다시 getch 함수를 호출하면 최종 사용자의 입력을 대기하지 않고 59를 반환합니다. 그리고, ESC키를 눌렀을 경우에는 한 번만 호출해도 되는데 반환되는 값은 27입니다. 이에 대한 부분은 약속에 의거한 것이라 특별히 설명할 부분은 없습니다. 다만, GetKey에서는 MyGlobal 클래스 내부에 정의한 KeyData 형식을 반환하도록 하였는데 이에 대한 구현부에서 반환 형식을 MyGlobal::KeyData라고 명시해야 합니다. KeyData라는 형식은 MyGlobal 내부에 있는 형식이기 때문입니다.

다음은 MyGlobal.cpp 소스의 구현 내용입니다.

MyGlobal.cpp

```
#include "MyGlobal.h"
#include <stdio.h>
#include <conio.h>
int MyGlobal::GetNum()
{
    int num;
    char buf[256+1];
    cin.getline(buf,256);
    cin.clear();
    sscanf(buf,"%d",&num);
    return num;
}
```

```
string MyGlobal::GetStr()
{
    char buf[256+1];
    cin.getline(buf,256);
    cin.clear();
    return buf;
}

MyGlobal::KeyData MyGlobal::GetKey()
{
    int key = getch();
    if(key == 27)
    {
        return ESC;
    }
    if(key==0)
    {
        key = getch();
        switch(key)
        {
        case 59: return F1;
        case 60: return F2;
        case 61: return F3;
        case 62: return F4;
        case 63: return F5;
        case 64: return F6;
        case 65: return F7;
        }
    }
    return NO_DEFINED;
}
```

이제 회원들을 관리하는 Zone 클래스를 정의 및 구현해 보기로 합시다.

[그림 7.17]

[그림 7.17]은 여기서 구현할 Zone 클래스 다이어그램입니다. 멤버 필드로 회원들을 보관하는 Collection 형식 포인터 collection이 있습니다. 그리고 회원 추가, 삭제, 번호로 검색, 이름으로 검색, 번호 순으로 정렬하기, 이름순으로 정렬하기 등이 있습니다. Zone 클래스의 초기화 부분에서 최대 관리할 회원 수를 입력받고 회원들을 보관할 수 있는 Collection 개체를 생성합니다. Zone 클래스 Run 부분에서는 최종 사용자로부터 메뉴를 입력받고 입력한 메뉴에 따라 회원 추가, 삭제, 번호로 검색, 이름으로 검색, 번호순으로 정렬, 이름순으로 정렬, 전체 보기를 수행합니다. 그리고, Zone의 소멸자에서는 종료화를 수행하고 종료화에서는 보관된 모든 회원 개체를 소멸하고 회원을 보관하는 Collection 개체를 소멸하는 작업을 수행합니다.

여기에서는 함수 개체를 사용하는 부분에 초점을 맞추어 설명하도록 하겠습니다. 먼저, 회원 추가 기능에서는 추가하려는 번호의 회원이 있는지를 검색을 하여 존재하지 않을 때만 추가하도록 해 봅시다. 회원 추가하는 과정에서 특정 번호의 회원이 있는지를 검색하기 위해서는 최종 사용자가 입력한 번호에 해당하는 회원 개체가 이미 있는지를 확인하여야 할 것입니다. Collection에서는 검색을 위한 논리에 대한 부분은 Search클래스에서 추상화된 형태로 약속하였습니다. 이를 파생받아 구체화 된 검색 논리에 사용할 SearchByNumFun 클래스를 정의하고 해당 형식의 개체를 Collection의 FindMember 메서드의 입력 인자로 넘겨서 Collection에서는 전달받은 함수 개체를 호출하여 원하는 회원을 검색하여 반환하게 됩니다.

```
class SearchByNumFun:public Search
{
    int num;
public:
    SearchByNumFun(int _num){num = _num;}
    virtual bool operator()(Member *mem)
    {
        return mem->GetNum() == num;
    }
};
```

SearchByNumFun 개체는 생성 시에 찾고자 하는 번호를 입력 인자를 전달하여 생성합니다. 그리고 특정 회원의 번호와 생성 시에 입력 인자로 전달받은 멤버 필드 num과 비교한 값을 전달하게 구현하였습니다. 이처럼 구체화 된 검색 논리에 해당하는 개체를 통해 원하는 회원을 검색할 수 있습니다.

```
void Zone::AddMember()
{
    ... 중략...
    cout<<"추가할 회원 번호를 입력하세요"<<endl;
    int num = MyGlobal::GetNum();
    SearchByNumFun sbn(num);
    if(collection->FindMember(sbn))
    ... 중략...
}
```

다음은 이미 앞에서 언급된 바가 있는 Collecion 클래스의 FindMember 메서드입니다.

```
Member *Collection::FindMember(Search &search,int index)
{
    for(int i = 0; i < nsize ; i++)
    {
        if(search(base[i]))
        {
            return base[i];
        }
    }
    return 0;
}
```

이와 같은 논리로 회원 삭제, 번호로 검색, 이름으로 검색, 번호순으로 정렬, 이름순으로 정렬, 전체 보기 및 해제화 부분을 구현해 보시기 바랍니다. Zone 클래스를 정의하는 곳에서는 회원 번호로 검색하기 위한 함수 개체 클래스, 이름으로 검색하기 위한 클래스, 번호순으로 정렬에 사용할 클래스, 이름으로 정렬에 사용할 클래스, 회원 정보를 보여주기 위한 클래스, 회원을 소멸하기 위한 클래스에 대한 구체적 정의 및 구현이 있어야 할 것입니다.

다음은 Zone 클래스의 전체 구현된 예제 코드입니다.

Zone.h

```
#pragma once
#include "Collection.h"
#include "MyGlobal.h"
class Zone
{
    Collection *collection;
public:
    Zone(void);
    ~Zone(void);
    void Run();
private:
    void Init();
    void Exit();
    MyGlobal::KeyData SelectMenu();
    void AddMember();
    void DelMember();
    void SearchByNumber();
    void SearchByName();
    void SortByNumber();
    void SortByName();
    void ListAll();
    void DeleteAll();
};
```

```
Zone.cpp
#include "Zone.h"
//번호로 검색 시에 사용할 클래스 정의
class SearchByNumFun
    :public Search
{
    int num;
public:
    SearchByNumFun(int _num){num = _num;}
    virtual bool operator()(Member *mem)
    {
        return mem->GetNum() == num;
    }
};
//이름으로 검색 시에 사용할 클래스 정의
class SearchByNameFun
    :public Search
{
    string name;
public:
    SearchByNameFun(string _name){name = _name;}
    virtual bool operator()(Member *mem)
    {
        return mem->GetName() == name;
    }
};
//번호 순으로 정렬 시에 내부 멤버를 비교하기 위해 제공하는 클래스 정의
class CompareByNumFun
    :public Compare
{
public:
    virtual int operator()(Member *mem1,Member *mem2)
    {
        return mem1->GetNum() - mem2->GetNum();
    }
};
```

```
//이름 순으로 정렬 시에 내부 멤버를 비교하기 위해 제공하는 클래스 정의
class CompareByNameFun
    :public Compare
{
public:
    virtual int operator()(Member *mem1,Member *mem2)
    {
        string n1 = mem1->GetName();
        string n2 = mem2->GetName();
        return strcmp(n1.c_str(),n2.c_str());
    }
};

//전체 회원의 정보를 순차적으로 보여주기 위해 내부 멤버를 보여주기 위해 제공하는 클래스 정의
class ViewMember
    :public DoSomething
{
public:
    virtual void operator()(Member *mem)
    {
        cout<<mem;
    }
};

//전체 회원을 해제화 하기 위해 내부 멤버를 해제하기 위해 제공하는 클래스 정의
class DeleteMember
    :public DoSomething
{
public:
    virtual void operator()(Member *mem)
    {
        delete mem;
    }
};
```

```
Zone::Zone(void)
{
    Init();
}

Zone::~Zone(void)
{
    Exit();
}

void Zone::Init()
{
    cout<<"최대 관리할 회원 수를 입력하세요"<<endl;
    int max_member = MyGlobal::GetNum();
    collection = new Collection(max_member);
}

void Zone::Exit()
{
    DeleteAll();
    delete collection;
}

void Zone::DeleteAll()
{
    //회원 개체를 소멸하기 위한 함수 개체
    DeleteMember dm;
     //collection 개체의 ListView에서 dm 함수 개체를 통해 순차적으로 모든 회원을 소멸시킴
    collection->ListAll(dm);
    //void Zone::ListAll()의 구현과 비교해 보세요.
}
```

```
void Zone::Run()
{
    MyGlobal::KeyData key;
    while((key = SelectMenu())!=MyGlobal::ESC)
    {
        switch(key)
        {
        case MyGlobal::F1: AddMember(); break;
        case MyGlobal::F2: DelMember(); break;
        case MyGlobal::F3: SearchByNumber(); break;
        case MyGlobal::F4: SearchByName(); break;
        case MyGlobal::F5: SortByNumber(); break;
        case MyGlobal::F6: SortByName(); break;
        case MyGlobal::F7: ListAll(); break;
       default: cout<<"잘못된 메뉴를 선택하였습니다."<<endl; break;
        }
        cout<<"아무키나 누르세요"<<endl;
        MyGlobal::GetKey();
    }
}

MyGlobal::KeyData Zone::SelectMenu()
{
    system("cls");
    cout<<"[F1]: 회원 추가 [F2]: 회원 삭제"<<endl;
    cout<<"[F3]: 번호로 회원 검색[F4]: 이름으로 회원 검색"<<endl;
    cout<<"[F5]: 번호순으로 정렬[F6]: 이름순으로 정렬"<<endl;
    cout<<"[F7]: 전체 보기"<<endl;
    cout<<"[ESC]: 프로그램 종료"<<endl;
    return MyGlobal::GetKey();
}
```

```
void Zone::AddMember()
{
    cout<<"회원 추가 기능입니다."<<endl;
    if(collection->IsFull())
    {
        cout<<"더 이상 회원을 추가할 수 없습니다."<<endl;
        return;
    }

    cout<<"추가할 회원의 번호를 입력하세요"<<endl;
    int num = MyGlobal::GetNum();

    //번호로 보관된 회원과 비교하기 위한 함수 개체 생성
    SearchByNumFun sbn(num);
    //collection의 FindMember에서 함수 개체를 통해 원하는 회원을 검색해 줌
    if(collection->FindMember(sbn))
    {
        cout<<"이미 존재하는 회원 번호입니다."<<endl;
        return;
    }

    cout<<num<<"번 회원의 이름을 입력하세요"<<endl;
    string name = MyGlobal::GetStr();

    if(collection->Push(new Member(num,name)))
    {
        cout<<"정상적으로 추가하였습니다."<<endl;
    }
    else
    {
        cout<<"내부적으로 오류가 발생하였습니다."<<endl;
    }
}
```

```
void Zone::DelMember()
{
    cout<<"회원 삭제 기능입니다."<<endl;
    int count = collection->GetCount();
    if(count == 0)
    {
        cout<<"보관된 회원이 없습니다."<<endl;
        return;
    }

    cout<<"삭제할 회원 번호를 입력하세요"<<endl;
    int num = MyGlobal::GetNum();
    //번호로 보관된 회원과 비교하기 위한 함수 개체 생성
    SearchByNumFun sbn(num);
     //collection의 GetMember에서 함수 개체를 통해 원하는 회원을 가져옴
    Member *mem = collection->GetMember(sbn);
    if(mem == 0)
    {
        cout<<"잘못된 번호를 입력하였습니다."<<endl;
        return;
    }

    cout<<mem<<endl;
    cout<<"회원을 삭제하겠습니다."<<endl;
    delete mem;

}
```

```
void Zone::SearchByNumber()
{
    cout<<"번호로 회원 검색 기능입니다."<<endl;
    int count = collection->GetCount();
    if(count == 0)
    {
        cout<<"보관된 회원이 없습니다."<<endl;return;
    }
    cout<<"검색할 회원 번호를 입력하세요"<<1<<"~"<<count<<endl;
    int num = MyGlobal::GetNum();
    SearchByNumFun sbn(num);
    Member *mem = collection->FindMember(sbn);
    if(mem == 0)
    {
        cout<<"잘못된 번호를 입력하였습니다."<<endl;return;
    }
    cout<<mem<<endl;
}
void Zone::SearchByName()
{
    cout<<"이름으로 회원 검색 기능입니다."<<endl;
    int count = collection->GetCount();
    if(count == 0)
    {
        cout<<"보관된 회원이없습니다."<<endl;return;
    }
    cout<<"검색할 회원 이름을 입력하세요"<<endl;
    string name = MyGlobal::GetStr();
    SearchByNameFun sbn(name);
    Member *mem = collection->FindMember(sbn);
    if(mem == 0)
    {
        cout<<"존재하지 않는 회원 이름 입니다."<<endl;return;
    }
    cout<<mem<<endl;
}
```

```
void Zone::SortByNumber()
{
    //번호 순으로 정렬에 필요한 회원 번호로 비교하는 함수 개체 생성
    CompareByNumFun cn;
    //colletion의 Sort 메서드에서는 전달받은 함수 개체를 이용하여 정렬
    collection->Sort(cn);
    ListAll();
}
void Zone::SortByName()
{
    //이름 순으로 정렬에 필요한 회원 번호로 비교하는 함수 개체 생성
    CompareByNameFun cn;
    //colletion의 Sort 메서드에서는 전달받은 함수 개체를 이용하여 정렬
    collection->Sort(cn);
    ListAll();
}
void Zone::ListAll()
{
    //회원 정보를 보여주기 위한 함수 개체 생성
    ViewMember vm;
    //collection의 ListAll에서는 vm을 이용하여 회원들의 정보를 보여줌
    collection->ListAll(vm);
}
```

Example.cpp

```
#include "Zone.h"

void main()
{
    Zone *zone = new Zone();
    zone->Run();
    delete zone;
}
```

이상으로 함수 개체를 사용하는 예를 살펴보았습니다.

08

구조화된
예외처리

C++ 언어는 탄생 후에 시대 흐름에 맞게 생존하기 위해 새로운 문법들이 계속 추가되었습니다. 이 중의 하나가 namespace이고 또 다른 하나로 구조화된 예외처리가 있습니다. 이 외에도 #pragma 를 비롯하여 여러 종류의 확장자를 가능하게 하는 등의 많은 사항이 추가되었는데 여기에서는 구조화된 예외처리에 대해 살펴보기로 하겠습니다.

구조화된 예외처리는 특정 구문을 수행함에 개발자의 논리적 버그나 사용자의 잘못된 사용으로 인한 오류 외에도 발생하지 말아야 할 특수한 상황으로 더이상 진행하지 못하는 예외 등을 개발 단계에서 빠르게 확인할 수 있고 개발자의 의도에 맞게 해당 상황을 처리하기 위해 생겨났습니다. 어떻게 보면 이미 Java에서 제공되었는 구조화된 예외처리를 C++에서도 제공해야 함을 느껴 제공하게 되었다고 볼 수도 있을 것입니다.

구조화된 예외처리에 대한 문법 사항은 크게 어렵지 않게 되어 있어 사용하는데 크게 어려움은 없습니다. 다만, 실제 개발자가 이를 효과적으로 사용할 수 있는가에 대한 부분은 좀 다를 수 있습니다.

먼저, 구조화된 예외처리 구문에 대한 문법적인 사항을 살펴보기로 합시다.

구조화된 예외처리 구문은 크게 예외가 발생할 수도 있는 구문에 대한 시도하는 try 블럭과 예외 상황에 도달했을 때 예외를 발생하는 throw 문, 발생한 예외를 잡아 처리하는 catch 블럭으로 구성됩니다.

간단한 예를 들기 위해 7장의 [ ] 연산자 중복 정의에서 사용한 IntArr 클래스를 사용하기로 하겠습니다.

IntArr.h

```
#pragma once
class IntArr
{
    int *base;
    const int capa;
public:
    IntArr(int _capa);
    ~IntArr(void);
    int &operator[](int index);
private:
    void Initailize();
    bool AvailIndex(int index);
};
```

IntArr.cpp

```
#include "IntArr.h"
IntArr::IntArr(int _capa):capa(_capa)
{
    base = new int[capa];
    Initailize();
}
IntArr::~IntArr(void)
{
    delete[] base;
}
int &IntArr::operator[](int index)
{
    if(AvailIndex(index))
    {
        return base[index];
    }
    throw "잘못된 인덱스를 사용하였습니다.";
}
void IntArr::Initailize()
{
    for(int i = 0;i<capa;i++)
    {
        base[i] = 0;
    }
}
bool IntArr::AvailIndex(int index)
{
    return (index>=0)&&(index<capa);
}
```

위와 같이 구현된 IntArr을 사용하면 사용하는 곳에서 [] 연산을 통해 유효하지 않은 index를 사용한다면 무엇을 반환해 주어야 할까요? 이 같은 경우에 throw문을 사용하여 예외를 발생시킬 수 있습니다. 만약, 사용하는 곳에서 예외에 대해 시도하는 try 블록과 catch 블록이 없다면 프로그램은 비정상적으로 터지게 되어 개발자로 하여금 예외 상황에 도달하였음을 인지하게 합니다.

이처럼 예외를 발생하는 것을 사용하는 곳은 다음과 같이 try 블록과 catch 블록을 통하여 예외를 감지하고 이에 대해 처리를 할 수 있습니다.

```
Example.cpp
#include "IntArr.h"
#include <iostream>
using namespace std;
void main()
{
    try
    {
        IntArr arr(10);
        int i = 20;
        arr[i] = 80;
    }
    catch(const char *msg)
    {
        cout<<msg<<endl;
    }
}
```

catch 블록은 메서드처럼 보이지만 메서드가 아닙니다. 그리고 하나의 try 블록에 여러 개의 catch 블록이 올 수 있습니다. 이 때 앞쪽에 있는 catch블록에서 예외를 받게 되면 그 뒤에 있는 catch 블록들은 무시됩니다. 예를 들어, ExBase 클래스가 있고 ExDerived 클래스가 ExBase 기반에서 파생된 클래스라고 가정합니다. 이 경우에 catch 블록이 ExBase 개체를 받는 블록이 있고 그 이후에 ExDerived 개체를 받는 블록이 있다면 발생한 예외가 ExBase 개체이든 ExDerived 개체이든 ExBase 개체를 받는 catch 블록만 가동될 것입니다. 기반 클래스 형식의 포인터 변수로 파생된 개체를 관리할 수 있기 때문입니다. 이 같은 경우에는 파생된 개체를 받는 catch 블록부터 기반 클래스 개체를 받는 catch 블록 순으로 구현하면 목적에 맞게 수행될 것입니다.

09
템플릿

9.1 템플릿이란?

템플릿은 '틀'이라는 사전적 의미를 지니고 있습니다. C++언어의 템플릿 문법은 가상의 코드를 정의하면 컴파일러가 이를 사용하는 부분을 컴파일하면서 구체화한 코드를 생성하는 틀을 말합니다. 즉, 템플릿으로 정의한 코드는 가상의 코드이며 실제 구체화한 코드는 컴파일 시에 컴파일 전개로 생성됩니다. 이러한 이유로 템플릿 코드는 헤더에 작성하는 것이 일반적입니다.

템플릿으로 가상의 코드를 정의하면 대부분 사용할 인자의 형식은 다르지만 수행해야 할 논리가 같을 경우입니다.

9.2 전역 템플릿 함수

템플릿 문법을 이용하여 template 전역 함수를 만드는 방법에 대해 살펴봅시다. 템플릿 함수는 다음과 같이 작성합니다.

```
template <typename [가상타입명],...>
[리턴형식] 템플릿 함수명(입력인자리스트)
{
   [코드]
}
```

이와 같은 형식으로 함수를 작성하면 이를 사용하는 부분을 만났을 때 컴파일러가 구체화 된 함수를 작성하고 이를 호출하는 구문으로 변경해 줍니다.

MyTemplateMethod.h

```
#pragma once
#include <iostream>
using namespace std;
template <typename T>
void Foo(T t)
{
    cout<<typeid(Foo<T>).name()<<endl;
}
```

이처럼 템플릿 함수 Foo를 코딩하여도 이를 사용하는 코드가 없으면 이 템플릿 함수는 구체화 된 함수로 컴파일되지 않습니다. 이를 사용하는 코드를 만났을 때 컴파일러는 템플릿 타입에 맞게 구체화한 함수를 템플릿 함수를 기반으로 작성하고 이를 호출하는 구문으로 전개합니다.

Example.cpp

```
#include "MyTemplateMethod.h"
void main()
{
    Foo(1);
    Foo('a');
}
```

템플릿으로 작성한 Foo함수를 정수형으로 사용하는 경우와 문자형으로 사용하는 경우를 예를 들었습니다. 이 같은 경우에 컴파일러는 사용하는 것에 맞게 함수를 작성하고 이를 호출하는 구문으로 전개합니다.

```
void Foo<>(int t)
{
    cout<<typeid(Foo<int>).name()<<endl;
}

void Foo<>(char t)
{
    cout<<typeid(Foo<int>).name()<<endl;
}
void main()
{
    Foo<>(1); //void Foo<>(int t) 함수로 연결
    Foo<>('a');//void Foo<>(char t) 함수로 연결
}
```

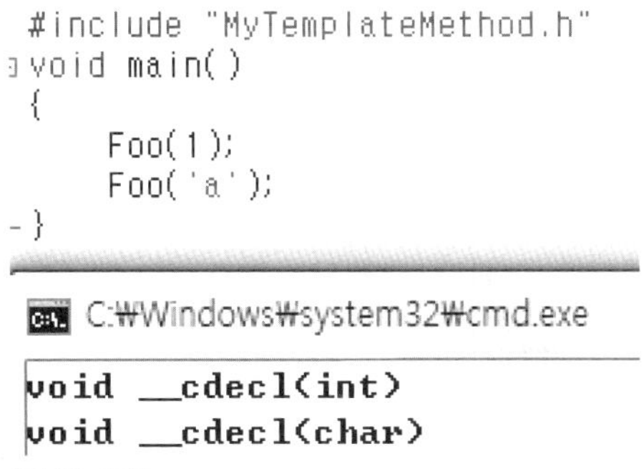

```
#include "MyTemplateMethod.h"
void main()
{
    Foo(1);
    Foo('a');
}
```

C:\Windows\system32\cmd.exe

```
void __cdecl(int)
void __cdecl(char)
```

[그림 9.1]

9.2.1 명시적 템플릿 인수 사용하여 함수 구현

전역 템플릿 함수를 제공하려고 하는데 특정 형식의 인수일 경우에는 템플릿 함수를 기반으로 구체화 된 코드가 만들어지는 것을 피하고 미리 정의된 함수를 사용하게 할 때에는 명시적으로 템플릿 인수를 사용하여 미리 구체화 된 함수를 구현할 수 있습니다. 컴파일러는 명시적으로 구현된 함수와 인수가 일치하면 템플릿 함수를 기반으로 구체화 된 함수를 작성하는 과정이 생략되고 이미 구현된 함수를 호출하도록 컴파일이 됩니다.

MyCompare.h

```
template <typename T>
int Compare(T t1,T t2)
{
    return t1-t2;
}
```

Example.cpp

```
int Compare<>(const char *str1,const char *str2)
{
    return strcmp(str1,str2);
}
void main()
{
    if(Compare(10,5)>0)
    {
        cout<<"첫번째 인수가 크다."<<endl;
    }
    else
    {
        cout<<"첫번째 인수가 크지 않다."<<endl;.
    }
    if(Compare("hello","yahoo")>0)
    {
        cout<<"첫번째 인수가 크다."<<endl;
    }
    else
    {
        cout<<"첫번째 인수가 크지 않다."<<endl;
    }
}
```

예제 코드에서 템플릿 인자 형식이 int인 Compare<>함수는 템플릿 코드를 기반으로 컴파일러가 작성하여 이를 호출하도록 할 것입니다. 하지만 템플릿 인자 형식이 const char *인 Compare<>함수는 명시적으로 구현하였기 때문에 Compare("hello","yahoo") 와 같은 호출은 명시적으로 구현된 코드를 호출합니다.

9.2.2 템플릿 인자 형식을 명시하여 호출하기

경우에 따라서 템플릿 인자 형식이 같은 여러 개의 입력 인자를 전달받는 템플릿 함수를 호출할 때 사용하는 입력 인자의 형식이 다르더라도 명시적으로 나타내면 컴파일러는 구체화한 함수를 만들어 줍니다.

가령 앞의 예에서 들었던 템플릿 함수 Compare<>를 호출을 할 때 다음과 같이 호출을 하면 컴파일러는 어떠한 템플릿 인자 형식으로 구체화 해야 하는지 모호(ambigous)하여 [그림 9.2]와 같이 컴파일 오류를 발생합니다.

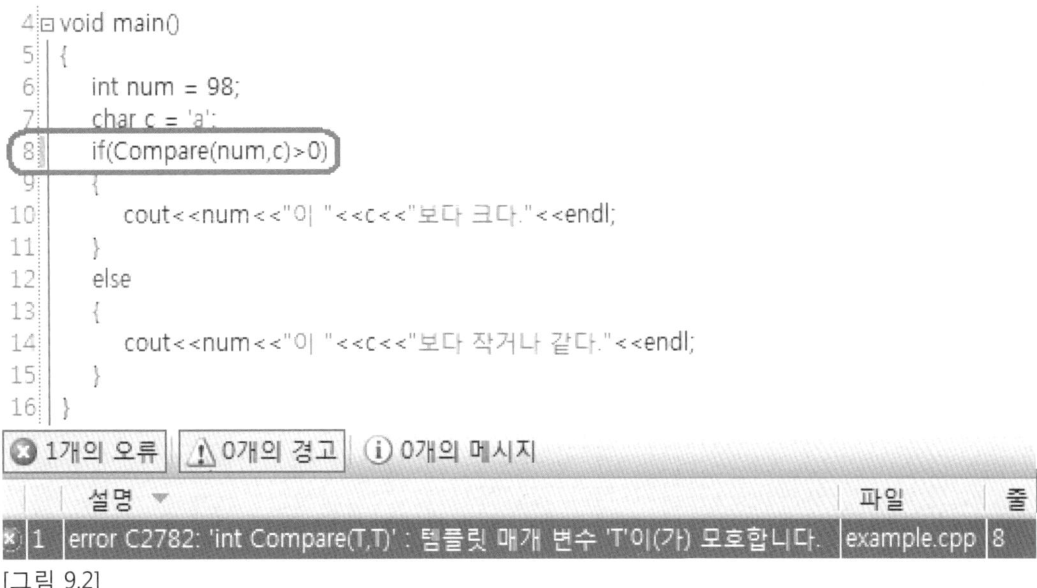
void main()
{
int num = 98;
char c = 'a';
if(Compare(num,c)>0)
{
cout<<num<<"이 "<<c<<"보다 크다."<<endl;
}
else
{
cout<<num<<"이 "<<c<<"보다 작거나 같다."<<endl;
}
}
1개의 오류
0개의 경고
0개의 메시지
설명
파일
줄
1
error C2782: 'int Compare(T,T)' : 템플릿 매개 변수 'T'이(가) 모호합니다.
example.cpp
8
[그림 9.2]

이와 같은 경우 사용자는 다음과 같이 템플릿 인자 형식을 명시하여 호출을 하여 이를 해결할 수 있습니다.

```
if(Compare<int>(num,c)>0)
{
    cout<<num<<"이"<<c<<"보다 크다."<<endl;
}
else
{
    cout<<num<<"이"<<c<<"보다 작거나 같다."<<endl;
}
```

9.3 템플릿 클래스

9.3.1 템플릿 클래스

템플릿 클래스는 멤버 필드의 형식과 일부 멤버 메서드의 인수의 형식만 다르고 메서드 내부의 논리 전개가 같은 경우에 사용합니다. 템플릿 클래스도 가상의 클래스이며 사용하는 코드의 템플릿 형식 인자에 따라 구체화 된 클래스를 컴파일러에 의해 만들어지게 됩니다. 템플릿 클래스를 작성하는 것은 가상의 코드를 만드는 것이고 이를 기반으로 컴파일러에 의해 구체화 된 클래스를 만들어지는 것이기 때문에 일반적으로 멤버 메서드도 헤더 파일에 작성한다.

다음은 템플릿 클래스 문법을 파악하기 위한 간단한 예를 두 가지 형태로 보여 드리겠습니다.

첫 번째는 멤버 메서드를 템플릿 클래스 내부에 구현하는 경우입니다. 템플릿 클래스를 만들 때에는 멤버 메서드를 포함하여 템플릿 클래스가 가상의 코드이기 때문에 헤더에 작성하는 것이 일반적이며 멤버 메서드도 클래스 내부에 구현하는 경우가 많습니다.

MyTemplate.h

```
#pragma once
template <typename T>
class MyTemplate
{
    T data;
public:
    MyTemplate(T _data)
    {
        data = _data;
    }
    int Compare(T in)
    {
        return data - in;
    }
    operator T()
    {
        return data;
    }
};
```

두 번째는 멤버 메서드를 템플릿 클래스 외부에 구현하는 경우입니다. 이 경우에는 해당 멤버 메서드가 템플릿 클래스의 멤버라는 것을 각 멤버 메서드를 구현부에 명시하여야 합니다.

MyTemplate.h - 템플릿 클래스 외부에 멤버 메서드 구현 예

```
#pragma once
template <typename T>
class MyTemplate
{
    T data;
public:
    MyTemplate(T _data);
    int Compare(T in);
    operator T();
};

template <typename T>
MyTemplate<T>::MyTemplate(T _data)
{
    data = _data;
}

template <typename T>
int MyTemplate<T>::Compare(T in)
{
    return data - in;
}

template <typename T>
MyTemplate<T>::operator T()
{
    return data;
}
```

위의 예제를 보시면 아시겠지만 템플릿 클래스 명은 실제 클래스 명이 될 수 없으며 사용할 템플릿 형식 인자를 포함해야 클래스 명이 됩니다. 그리고 멤버 메서드를 템플릿 클래스 외부에 구현할 때에는 각각의 메서드가 템플릿 메서드임을 명시하여야 합니다.

이처럼 템플릿 클래스(위의 두 가지 방법 중 어떠한 방법을 사용하더라도 차이는 없습니다.)를 정의하였을 때 사용하는 코드에서 어떠한 템플릿 형식 인자에 해당하는 개체를 만들 것인지 선언부에서 명확하게 명시하여야 합니다. 컴파일러는 명시된 템플릿 형식 인자에 맞게 템플릿 클래스를 기반으로 실제 클래스 코드를 작성하고 이를 사용하는 코드로 전개해 줍니다.

Example.cpp

```
#include "MyTemplate.h"
#include <iostream>
using namespace std;
void main()
{
    MyTemplate<int> mt(3);
    int diff = mt.Compare(8);
    cout<<"차이:"<<diff<<endl;

    if(mt == 3)
    {
        cout<<"같다."<<endl;
    }
    else
    {
        cout<<"다르다."<<endl;
    }

    MyTemplate<char> *mt2 = new MyTemplate<char>('a');
    delete mt2;
}
```

사용하는 곳에서 템플릿 인자를 명시하여 변수를 선언하고 new 연산을 통해 동적으로 개체를 생성할 때에도 이를 명시하여야 함에 주의합시다. 물론, typedef을 이용하면 간략하게 표현할 수 있을 것입니다.

```
typedef MyTemplate<int> MyInt;
...중략...
MyInt mt(3);
MyInt *mt2 = new MyInt(4);
```

9.3.2 템플릿 클래스 만들기

ANSI 표준에서는 STL(Standard Template Library)이라는 표준 템플릿 라이브러리를 제공하고 있습니다. STL에는 자료를 보관할 때 사용하는 컨테이너 클래스들과 보관된 자료들을 순회할 수 있는 반복자와 함수 개체 및 공통으로 사용할 수 있는 알고리즘들을 템플릿 클래스 및 템플릿 함수 형태로 제공하고 있습니다.

여기에서는 배열을 템플릿 클래스로 만들면서 템플릿 클래스에 대해 학습해 보기로 합시다.

먼저 템플릿 형식 인자의 개수와 용도를 결정해 봅시다. 배열에 보관할 형식을 사용자가 결정할 수 있게 하나의 템플릿 형식 인자를 정하면 되겠네요. 멤버 필드로는 배열에 원소들을 보관할 수 있게 템플릿 형식 인자의 포인터 형식의 멤버 필드 base와 최대 보관할 수 있는 원소 개수인 상수 멤버 필드 bsize가 있으면 될 것입니다.

```
#pragma once
template <typename T>
class Arr
{
    T *base;
    const int bsize;
    ...중략...
};
```

생성자 메서드에서는 배열의 크기를 인자로 받아 bsize를 초기화하고 base에 요소들을 보관할 수 있는 메모리를 동적으로 할당받는 것과 각 원소를 0으로 초기화를 하면 될 것입니다.

```
#pragma once
template <typename T>
class Arr
{
    T *base;
    const int bsize;
public:
    Arr(int _bsize):bsize(_bsize)
    {
        base = new T[bsize];
        for(int i=0 ; i<bsize ; i++)
        {
            base[i] = 0;
        }
    }
    ...중략...
};
```

그리고 [] 연산자를 중복 정의하여 입력 인자는 int 혹은 unsigned로 인덱스를 받게 하고 연산 결과로 보관한 원소의 참조를 반환하면 되겠네요. 단, 입력받은 인덱스가 유효하지 않은 인덱스라면 예외를 발생시켜 주면 잘못된 사용을 했을 때 사용하는 개발자가 빠른 단계에서 인지할 수 있을 것입니다. 마지막으로 소멸자에서 템플릿 클래스 내에서 동적으로 생성했던 base의 메모리를 해제하면 될 것입니다.

Arr.h

```
#pragma once
template <typename T>
class Arr
{
    T *base;
    const int bsize;
public:
    Arr(int _bsize):bsize(_bsize)
    {
        base = new T[bsize];
        for(int i=0 ; i<bsize ; i++)
        {
            base[i] = 0;
        }
    }
    ~Arr()
    {
        delete[ ] base;
    }
    T &operator[](int index)
    {
        if((index>=0)&&(index<bsize))
        {
            return base[index];
        }
        throw "잘못된인덱스를사용하였습니다.";
    }
};
```

이처럼 템플릿 클래스를 만들면 사용하는 곳에서는 템플릿 형식 인자를 명시하여 변수 선언 및 개체를 생성하여 배열처럼 사용할 수가 있습니다. 또한, 잘못된 인덱스에 접근할 때 예외가 발생하여 버그를 빨리 인지하여 수정할 수 있습니다.

Example.cpp

```
#include "Arr.h"
#include <iostream>
using namespace std;
void main()
{
    Arr<int> arr(10);

    for(int i = 0; i<10; i++)
    {
        arr[i] = i+1;
    }
    for(int i = 0; i<10; i++)
    {
        cout<<arr[i]<<endl;
    }
}
```

10

OOP 프로그래밍 실습

10.1 실습 개발 공정

전산 기술은 하루가 다르게 발전하고 새로운 기술이 나오고 있습니다. 또한, 프로젝트의 규모가 점진적으로 늘어나고 있으며 다른 산업 분야와 접목된 형태로 변화되고 있습니다.

이와 같은 시대의 흐름에 따라 S/W 개발 방법론도 변하고 있는데 여기서는 3개의 단계로 나누어 진행하도록 하겠습니다. 일반적인 CBD 개발 방법론에서는 요구 분석 및 정의 단계, 아키텍쳐 단계, 설계 단계, 구현 단계, 배포 단계로 나누고 있습니다. 규모가 큰 프로젝트에서는 여러 개의 컴포넌트들로 구성하고 이들에 대한 역할 및 인터페이스 약속 및 비지니스 객체 모델링 등의 작업을 수행하는 추상적인 설계를 하는 아키텍쳐 단계를 두고 있습니다. 하지만 여기서는 하나의 컴포넌트로 프로그램을 제작할 것이므로 아키텍쳐 단계를 생략하겠습니다. 그리고 구현하고 나서 테스트를 수행하고 배포를 하는 단계도 여기서 다룰 필요는 없을 것 같아 생략하도록 하겠습니다. 다시 말하면 요구 분석 및 정의 단계, 설계 단계, 구현 단계로 나누기로 하겠습니다.

10.2에서는 개발 공정에 들어서기에 앞서 먼저 작성할 프로젝트의 시나리오를 보여 드리겠습니다.

요구 분석 및 정의 단계에서는 먼저 프로젝트의 외부 요소인 사용자와 프로젝트가 사용할 외부 서비스에 해당하는 액터를 조사합니다. 조사가 끝나면 사용자 액터가 우리 시스템을 사용하는 경우와 우리 시스템이 어떨 때 외부 서비스를 사용하는 지를 파악합니다. 그리고 파악한 내용으로 유즈케이스(usecase)다이어 그램을 만듭니다. 필요하다면 각 유즈케이스 별로 상세 기술서 혹은 시퀀스(sequence) 다이어그램을 작성할 수도 있습니다.

설계 단계에서는 클래스로 표현할 것이 무엇인지를 조사하고 이들의 관계를 클래스 다이어그램으로 나타냅니다. 클래스 다이어그램이 작성이 되었으면 각 유즈케이스 별로 시퀀스 다이어그램을 작성하고 이를 통해 피 명령 개체에 노출 할 멤버 메서드 명과 입력 인자, 반환 형식을 결정합니다. 그리고, 마지막 구현 단계에서는 필요에 따라 상세 설계 및 구현을 하도록 하겠습니다.

10.2 실습 시나리오

프로젝트 명: 이 에이치

프로그램은 콘솔 기반의 응용 프로그램이다. 프로그램이 시작하면 이 에이치 나라가 생성된다. 이 에이치 나라는 초기화, 사용자 명령에 따른 동작, 종료화 과정을 거친다.

이 에이치 나라의 초기화에서는 유닛 공장이 만들어지고 주거지와 공연장이 만들어진다.

이 에이치 나라의 사용자 명령에 따른 동작에서는 종료 메뉴를 선택하기 전까지 선택한 메뉴를 수행하는 것을 반복한다. 이 에이치 나라의 메뉴는 유닛 생성, 초점 이동, 유닛 이동, 전체 상황 보기, 종료 메뉴가 있다.

이 에이치 나라의 유닛 생성 메뉴에서는 생성할 유닛 종류를 선택하고 유닛 이름을 입력받아 유닛 공장을 통해 생성된다. 유닛 종류에는 마법사, 예술가, 회사원이 있다. 유닛의 생성과 소멸은 유닛 공장에서만 가능하다.

이 에이치 나라의 초점 이동 메뉴에서는 공연장이나 주거지 중에 한 장소를 선택하면 해당 장소로 초점이 바뀐다. 각 장소로 이동하면 해당 장소의 종료 메뉴를 선택하기 전까지 선택한 메뉴를 수행하는 것을 반복한다. 종료 메뉴를 선택하면 초점은 다시 이 에이치 나라로 이동된다.

이 에이치 나라의 유닛 이동 메뉴에서는 이동할 유닛을 선택하고 공연장이나 주거지 중에 한 장소를 선택하면 해당 장소로 유닛이 이동된다.

이 에이치 나라의 전체 상황 보기에서는 이 에이치 나라에 있는 유닛들 정보와 각 장소의 정보를 보여준다.

공연장으로 초점이 왔을 때 선택할 수 있는 메뉴는 공연 관람하기, 무대로 올라가기, 이 에이치 나라로 유닛 복귀하기, 공연장 초점 종료가 있다.

공연장 메뉴에서 공연 관람하기를 선택하면 전체 유닛은 감상하며 예술가의 경우는 감상 후에 혼자 논평을 한다.

공연장 메뉴에서 무대로 올라가기를 선택하면 최종 사용자에게 하나의 유닛을 선택하게 하고 선택된 유닛은 자기소개를 한다.

공연장 메뉴에서 이 에이치 나라로 유닛 복귀하기를 선택하면 최종 사용자에게 하나의 유닛을 선택하게 하고 선택된 유닛은 이 에이치 나라로 복귀한다.

주거지로 초점이 왔을 때 선택할 수 있는 메뉴는 소등하기, 휴식하기, 이 에이치 나라로 유닛 복귀하기, 주거지 초점 종료가 있다.

주거지 메뉴에서 소등하기를 선택하면 전체 유닛은 잠을 잔다. 회사원은 잠을 자기 전에 알람을 설정한다.

주거지 메뉴에서 휴식하기를 선택하면 최종 사용자에게 하나의 유닛을 선택하게 하고 선택된 유닛은 휴식한다. 마술사는 휴식 후에 달나라 여행을 한다.

주거지 메뉴에서 이 에이치 나라로 유닛 복귀하기를 선택하였을 때의 동작은 공연장과 같다.

유닛은 생성 시에 유닛 공장으로부터 일련번호를 부여받는다.

모든 유닛은 감상할 때 행복을 느낀다. 마법사일 경우에는 추가로 매직 아이를 한다.
모든 유닛은 자기소개를 하면 일련번호와 이름을 보여준다.
예술가는 잠을 잘 때 노래를 한다. 마법사는 잠을 잘 때 꿈을 꾼다. 회사원은 잠을 잘 때 코를 곤다.
예술가는 휴식을 클래식을 듣는다. 마법사는 휴식할 때 춤을 춘다. 회사원은 휴식할 때 코를 곤다.

10.3 요구 분석 및 정의

요구 분석 및 정의 단계에서는 제안서와 시나리오 등을 기반으로 프로젝트에 이해관계가 있는 사람들의 요구 사항을 분석하는 것에서부터 출발합니다. 이 에이치 프로젝트에서는 제안서는 생략되었기 때문에 이해 관계자 조사나 이들의 요구 사항은 없습니다. 이러한 관계로 시나리오를 기반으로 유즈케이스 다이어그램을 작성하는 것부터 시작하겠습니다.

이 에이치 프로그램은 사용하는 외부의 서비스가 존재하지 않고 최종 사용자만이 존재합니다. 그리고 최종 사용자는 유닛 생성과 초점 이동, 유닛 이동, 전체 상황 보기를 할 수 있습니다. 초점 이동이 선택되면 선택 장소에 따라 할 수 있는 것이 달라집니다.

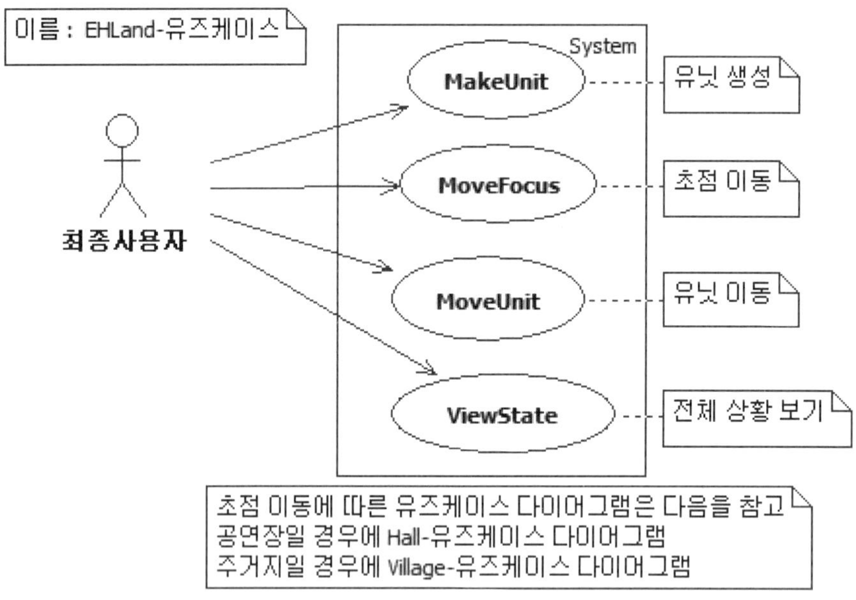

[그림 10.1]

공연장에서는 공연 관람하기, 무대로 올라가기, 유닛 이 에이치 나라로 복귀하기를 할 수 있습니다.

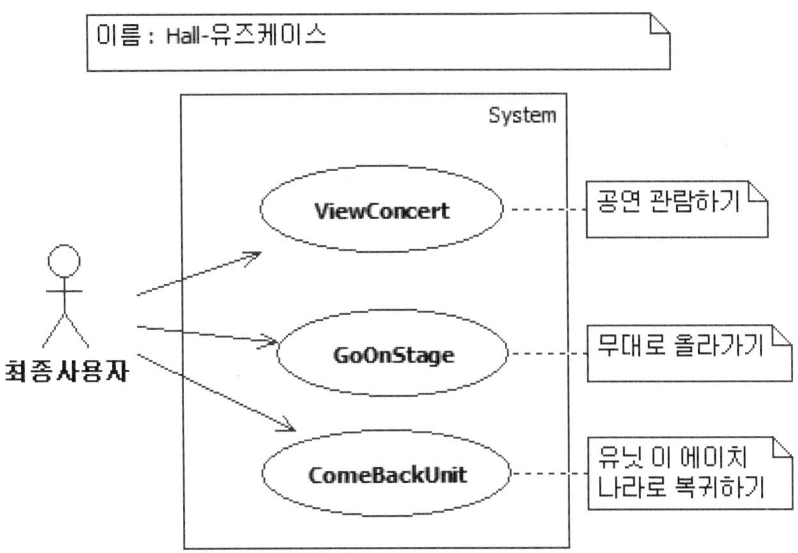

[그림 10.2]

주거지에서는 소등하기, 휴식하기, 유닛 이 에이치 나라로 복귀하기를 할 수 있습니다.

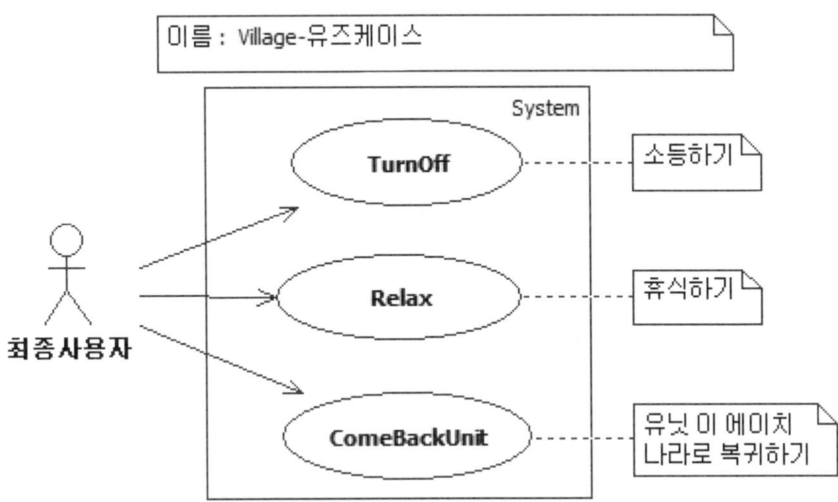

[그림 10.3]

주의할 것은 이후 시퀀스 다이어그램을 작성할 때에는 최종 사용자에 의해 프로그램이 시작할 때 초기화 과정과 종료화 과정도 작성하시면 좀 더 효과적입니다.

10.4 설계

설계 단계에서는 클래스 다이어그램과 시퀀스 다이어그램을 작성해 봅시다.

먼저 프로그램에 클래스로 정의할 후보를 조사하고 이들에 대하여 클래스 명과 역할을 결정합니다. 그리고 각 클래스간의 관계를 포함하여 클래스 다이어그램을 작성합니다. 이 작업이 수행되고 나서 각 유즈케이스 별로 시퀀스 다이어그램을 작성할 것입니다. 시퀀스 다이어그램을 작성하기 위해서는 해당 유즈케이스를 수행하기 위해서 어떠한 순으로 진행해야 하는지와 진행 단계에서 어느 개체가 어느 개체에게 어떠한 메시지를 보내고 받아야 하는지에 대해서 결정을 할 것입니다. 이를 통해 클래스에 public으로 접근 수준을 설정할 멤버 메서드의 시그니쳐가 약속되게 됩니다.

10.4.1 클래스 다이어그램 작성

먼저, 시나리오를 보면서 클래스로 정의할 것들을 조사해 봅시다. 시나리오에 나타나는 명사들을 먼저 살펴보고 이들이 무언가를 수행할 역할이 있다면 클래스로 정의할 후보가 될 것입니다. 그리고, 하나의 클래스가 너무 많은 멤버 필드나 너무 많은 역할을 한다면 좀 더 세부적으로 나누는 것이 효과적일 것입니다. 어느 정도의 멤버 필드가 있을 때 세부적으로 나눌 것인지 자신의 원칙이 있다면 좋은 디자인 능력을 익히는 데 도움이 될 것입니다. 시나리오에 있는 것 중에 여기서는 다음과 같이 클래스를 만들려고 합니다.

클래스 명	설명
EHLand	이 에이치 나라
UnitFactory	유닛 공장(유닛의 생성과 소멸에 대한 책임을 지님
Place	장소 (주거지와 공연장이 있음)
Village	주거지
Hall	공연장
Unit	유닛(마법사, 예술가, 회사원이 있음), IRelax와 IPlay를 구현 약속함
Magician	마법사
Artist	예술가
Worker	회사원
IRelax	주거지에서 할 수 있는 행위에 대한 약속
IPlay	공연장에서 할 수 있는 행위에 대한 약속
Arr	배열을 템플릿 클래스 화

그리고 주거지와 공연장에서 유닛이 할 수 있는 행위가 다르므로 각 장소에서 할 수 있는 추상적인 약속도 추상 클래스로 정의하려고 합니다. 주거지에서 할 수 있는 행동에 대한 추상적인 정의를 IRelax, 공연장에서 할 수 있는 행동에 대한 추상적인 정의를 IPlay라 명명하도록 하였습니다. IRelax나 IPlay와 같이 특정 행위에 대한 추상적인 약속들로 구성된 클래스를 다른 OOP언어에서는 interface라는 형식으로 제공하는 경우가 많이 있습니다. 이와 같은 클래스는 내부에 순수 가상 함수들로만 구성되게 됩니다. 이처럼 행위에 대해 약속함으로써 주거지에서 유닛들이 공연을 관람하는 행위를 호출하는 것과 같이 시나리오에 맞게 특정 장소에서 특정 행위만을 수행할 수 있게 할 수 있습니다.

이처럼 무엇을 클래스로 만들 것인지 결정을 하였으면 각 클래스의 관계를 약속하여 클래스 다이어그램을 작성해 봅시다. 여기에서는 Arr클래스는 단순히 개체를 보관하기 위한 컨테이너 용도이기 때문에 클래스 다이어그램에서 생략하도록 하겠습니다.

먼저, 일반화 관계를 살펴보면 Place의 종류로 Village와 Hall이 있으므로 이들은 일반화 관계에 있다고 할 수 있을 것입니다. 그리고 Unit의 종류로 Magician, Artist, Worker가 있으므로 이들 또한 일반화 관계에 있다고 할 수 있을 것입니다.

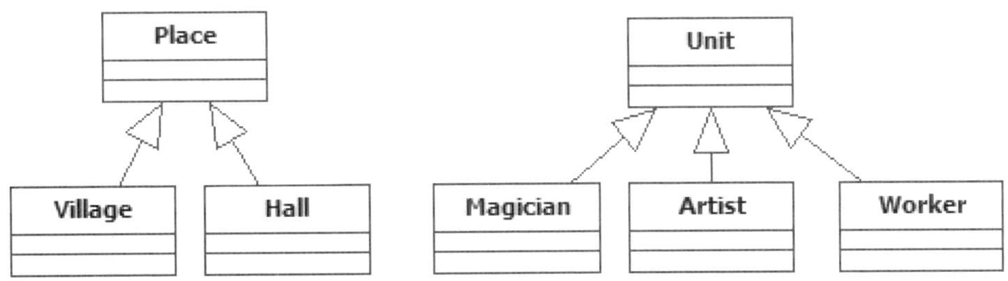

[그림 10.4]

그리고 Unit은 IRelax와 IPlay를 구현 약속을 해야 하므로 이들의 관계는 실현 관계로 표현할 수 있을 것입니다.

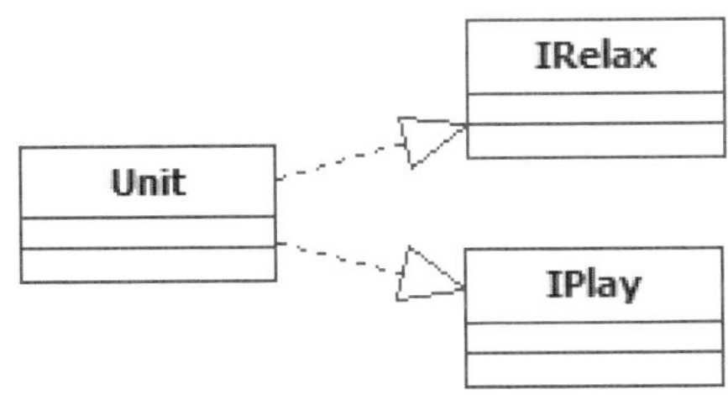

[그림 10.5]

EHLand와 관계가 있는 클래스 먼저 생각해 봅시다. EHLand는 UnitFactory와 각 장소를 생성하고 이들 개체와 UnitFactory 개체를 통해 생성된 Unit 개체들을 사용하게 됩니다. 하지만, EHLand에서는 유닛이 어떠한 종류의 유닛인지를 판단하여 해당 형식에 맞는 행위를 사용하지는 않습니다. 이에 대한 관계를 도식한다면 [그림 10.5]와 같이 표현할 수 있을 것입니다.

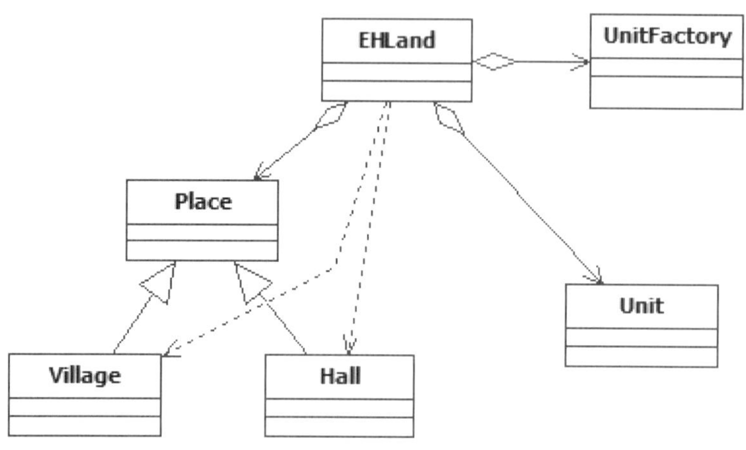

[그림 10.6]

이번에는 UnitFactory와 관계가 있는 클래스들을 생각해 봅시다. UnitFactory는 Magician, Artist, Worker 개체들을 생성하고 생성한 이들 Unit 개체들에 관한 소멸의 책임을 지니고 있습니다. 이들 개체들에 관한 소멸의 책임을 지기 위해서는 이들을 보관하고 있어야 합니다.

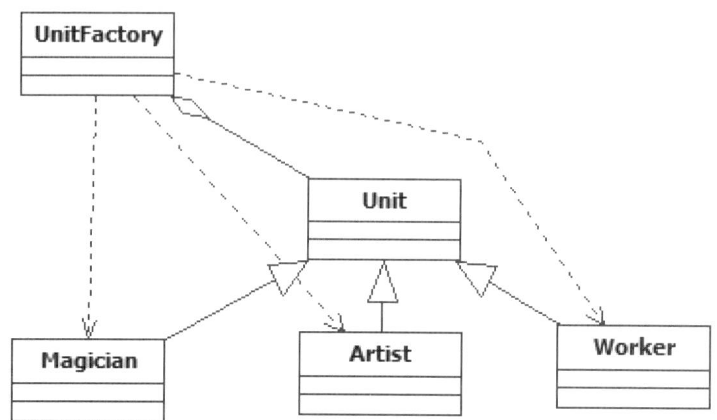

[그림 10.7]

이번에는 각 장소와 관련된 클래스들을 살펴볼게요. 각 장소에는 유닛이 들어올 수 있어야 하며 공연장에서는 IPlay에 대한 구현 약속된 행위를 사용하고 주거지에서는 해당 유닛의 IRelax에 대한 구현 약속된 행위를 사용해야 하며 합니다. 또한, 공연장에서는 예술가가 논평할 수 있어야 하고 주거지에서는 회사원이 알람 설정, 마법사는 달나라 여행을 할 수 있어야 합니다. 이를 클래스 다이어그램으로 표현한다면 [그림 10.8]과 같이 도식할 수 있을 것입니다.

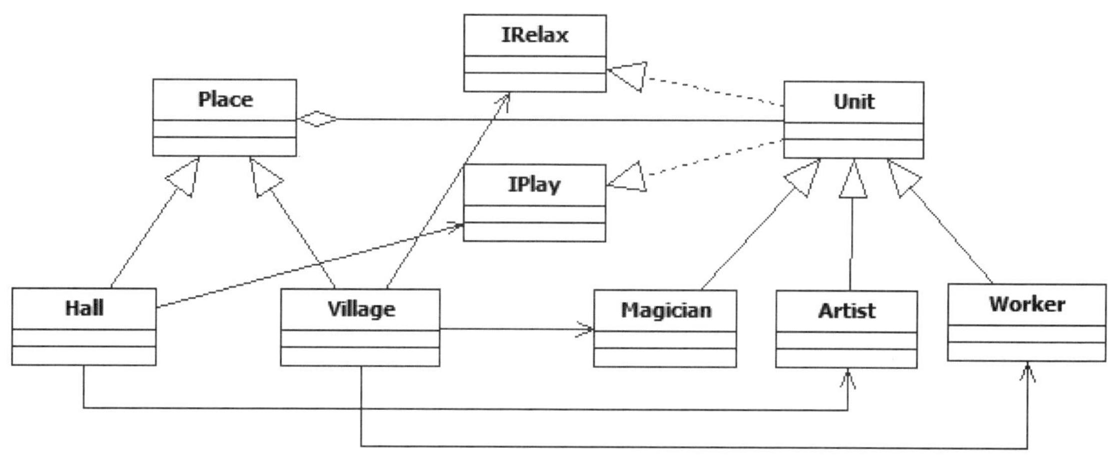

[그림 10.8]

[그림 10.9]는 전체 클래스 다이어그램의 모습입니다.

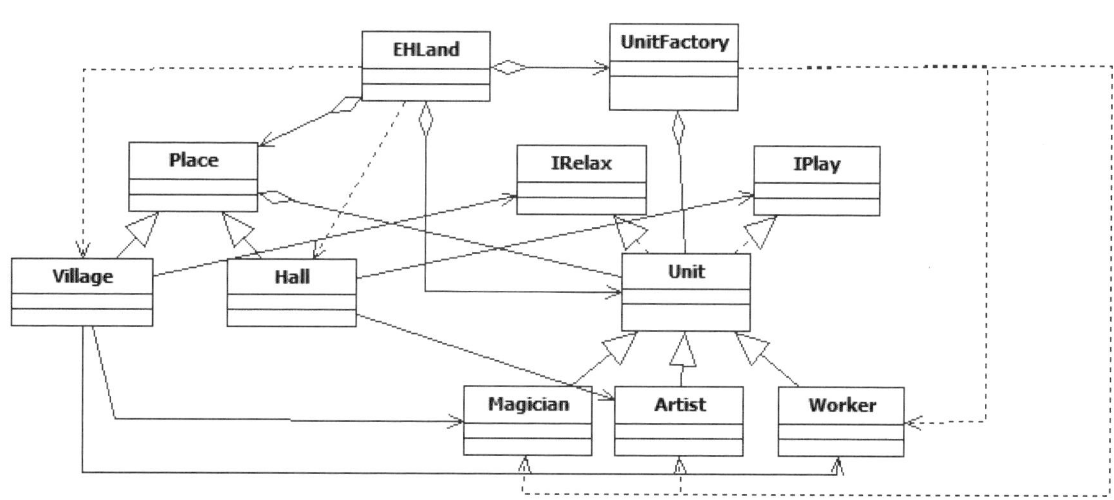

[그림 10.9]

클래스와 클래스 사이의 관계는 개발자에 따라 바라보는 관점에 따라 조금씩 다르게 생각할 수도 있고 클래스 다이어그램에서 나타내는 정도도 차이가 있을 수 있습니다. 완벽한 정답을 구하려는 것보다는 특정 수준을 정하여 해당 수준에 맞게 해 나가는 것이 필요할 것입니다.

10.4.2 시퀀스 다이어그램 작성

클래스 다이어그램이 작성되었으면 이제 각 유즈케이스 별로 어떠한 시퀀스로 수행해야 할 것인지에 대해 고민하고 이를 시퀀스 다이어그램으로 작성해 보기로 합시다. 그리고 유즈케이스 다이어그램에는 나타내지 않았지만 EHLand 초기화 과정과 종료화 과정에 대해서도 작성을 하기로 하겠습니다.

먼저, 초기화 과정에 대한 시퀀스를 생각해 봅시다. 시나리오를 보면 이 에이치 나라의 초기화에서는 유닛 공장이 만들어지고 주거지와 공연장이 만들어지는 것으로 되어 있습니다. 다른 별다른 사항이 없으니 바로 표현해 보도록 합시다.

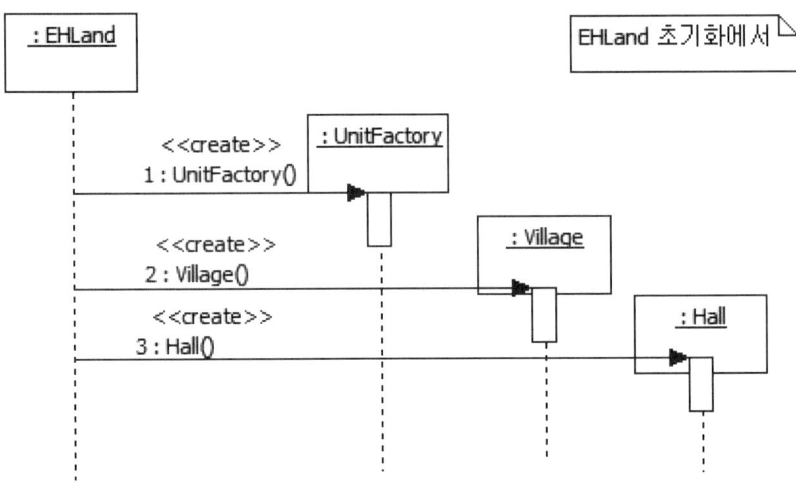

[그림 10.10]

이번에는 유닛 생성을 하는 MakeUnit 유즈케이스에 대한 시퀀스를 생각해 봅시다. 시나리오를 보시면 유닛 생성 메뉴에서는 최종 사용자가 생성할 유닛 종류와 이름을 입력하고 이를 UnitFactory에 전달하여 유닛 공장을 통해 생성하고 생성한 유닛은 EHLand에게 반환하여 전달하여야 할 것입니다.

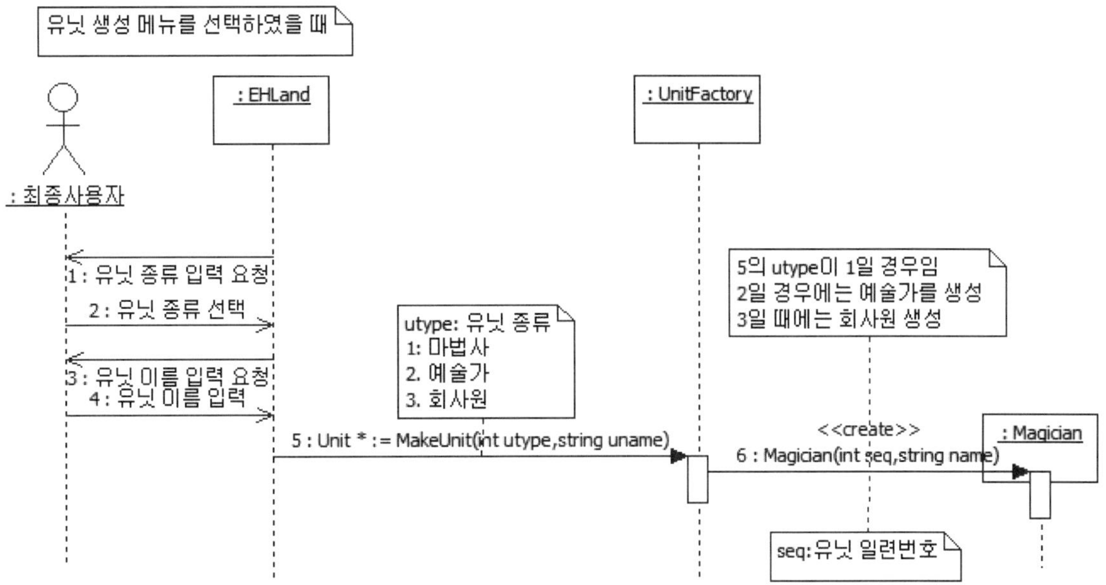

[그림 10.11]

초점 이동에 관한 MoveFocuse 유즈케이스에 대해 살펴봅시다. 시나리오를 보면 초점 이동 메뉴에서는 공연장이나 주거지 중에 한 장소를 선택하면 해당 장소로 초점이 바뀌는 것으로 되어 있습니다. 각 장소로 초점이 이동되었을 때 유즈케이스는 별도로 되어 있으니 해당 유즈케이스를 다루면서 얘기를 하기로 하겠습니다.

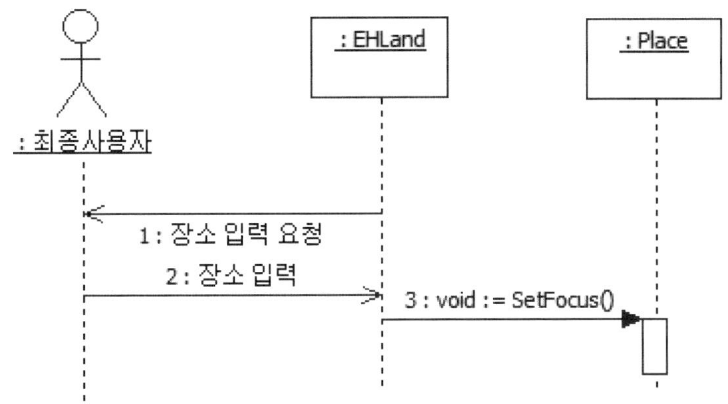

[그림 10.12]

이번에는 유닛 이동에 해당하는 MoveUnit 유즈케이스에 대한 시퀀스를 생각해 봅시다. 시나리오를 보면 먼저 이동할 유닛을 선택한 후에 장소를 선택하여 유닛을 이동시키는 것으로 되어 있습니다. 유닛을 선택하기 위해서는 EHLand에 있는 유닛 정보를 먼저 보여주고 유닛을 선택하라고 요청을 해야 할 것입니다. 이때 유닛을 선택을 무엇을 기준으로 할 것인지를 결정을 해야 하는데 여기서는 유닛의 일련번호로 선택하는 것으로 하겠습니다. 이를 토대로 시퀀스 다이어그램을 작성하면 [그림 10.13]과 같이 표현할 수 있을 것입니다.

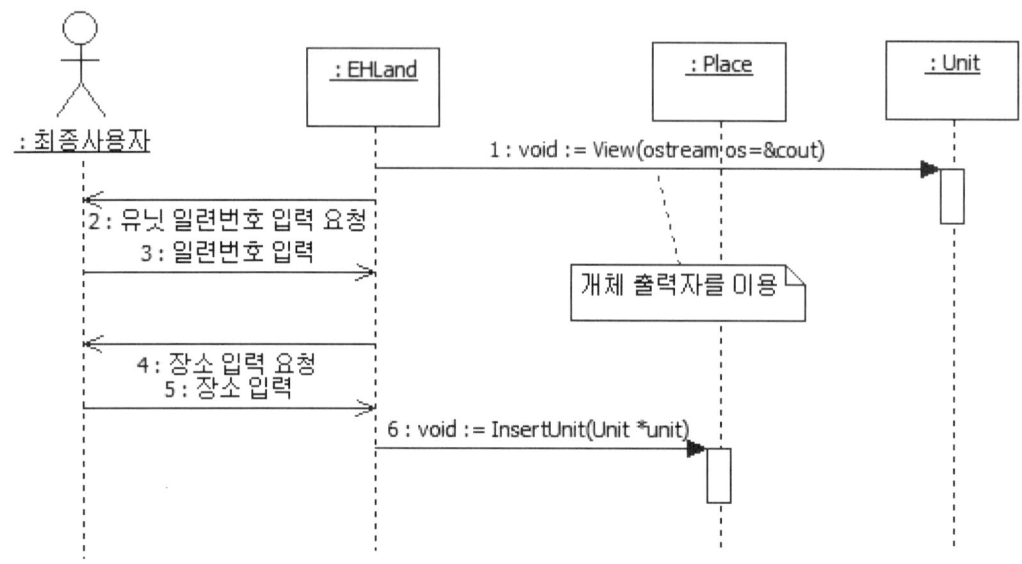

[그림 10.13]

전체 상황을 보는 ViewState 유즈케이스를 작성해 봅시다. 여기에서는 시나리오처럼 각 EHLand에 있는 유닛의 정보와 각 장소의 정보를 보여주면 됩니다.

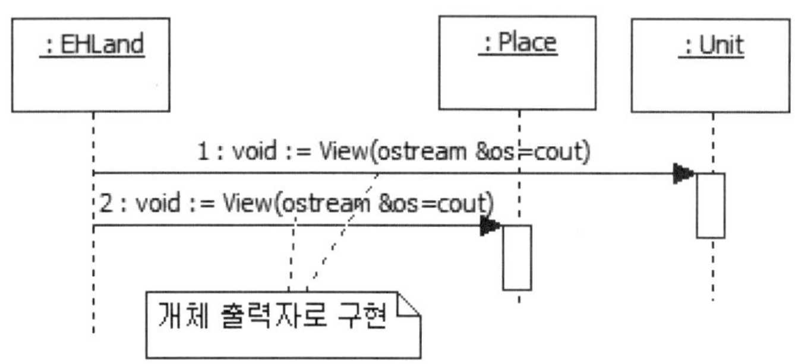

[그림 10.14]

이번에는 초점이 각 장소로 왔을 때의 각 유즈케이스 별로 시퀀스 다이어그램을 작성해 봅시다.

먼저, 초점이 공연장으로 왔을 때의 공연 관람하기에 해당하는 ViewConcert에 대해 살펴봅시다. 여기에서는 전체 유닛이 공연을 감상하는데 해당 유닛이 예술가인 경우에는 논평하는 것으로 시나리오에 나와 있습니다.

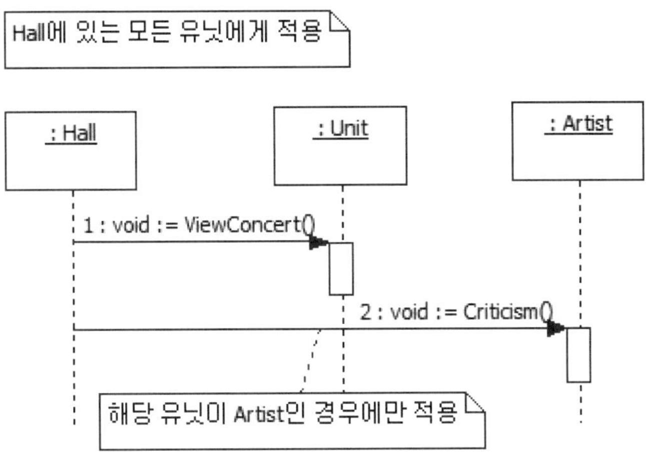

[그림 10.15]

공연장의 무대로 올라가기에 해당하는 GoOnState 유즈케이스에 대한 시퀀스는 최종 사용자에게 하나의 유닛을 선택하게 하고 선택된 유닛은 자기소개를 하라고 되어 있습니다. 유닛을 선택하기 위해 Hall에 있는 모든 유닛의 정보를 보여주어야 선택이 쉬울 것입니다. 여기에서는 유닛을 선택하기 위해 유닛 이름을 입력하는 것으로 하겠습니다.

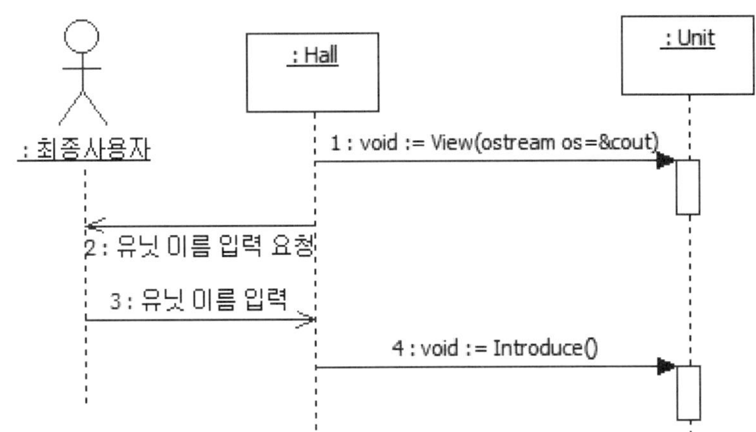

[그림 10.16]

공연장이나 주거지에서 공통적인 유닛 복귀하기에 해당하는 ComeBackUnit 유즈케이스에 살펴봅시다. 유닛을 선택하는 것은 GoOnState에 대한 시퀀스처럼 하면 될 것입니다. 문제는 각 장소가 EHLand를 모르고 있다는 것입니다. 이를 위해서는 EHLand에서 각 장소에 유닛을 복귀할 수 있도록 Callback을 구현해야 합니다. 유닛을 복귀할 시점과 복귀할 유닛은 장소에서 선택됩니다. 이 같은 경우에 함수 개체를 사용할 수 있습니다. 장소를 구현하는 곳에서는 함수 개체의 추상화된 클래스를 ComeBackUnitEvent라 정하는 작업을 수행하기로 합시다. 그리고 이를 기반으로 하는 구체화 된 클래스를 ComeBackHelper라 정하고 EHLand에서 정의하기로 합시다. 이처럼 개발 공정에서 이전 공정에서 작업한 것에 대해 수정이 생길 수 있으며 이러면 반드시 문서를 수정하시기 바랍니다. 이는 여러 명이 개발을 하면 소통의 부재 때문에 생기는 많은 문제를 해결하는데 도움이 됩니다. 이러한 이유로 많은 엔지니어가 "계약에 의한 개발"을 하라고 하는 것입니다.

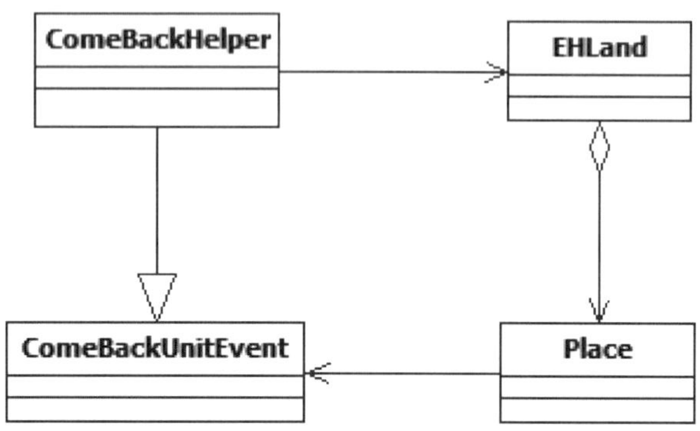

[그림 10.17]

그리고 EHLand에서는 각 장소를 생성할 때 ComeBackHelper 개체를 전달하는 것으로 초기화 시퀀스를 수정하기로 합시다. 이를 알아야 각 장소에서는 유닛을 복귀시키기 위해 이를 이용하여 복귀시킬 수 있을 것입니다.

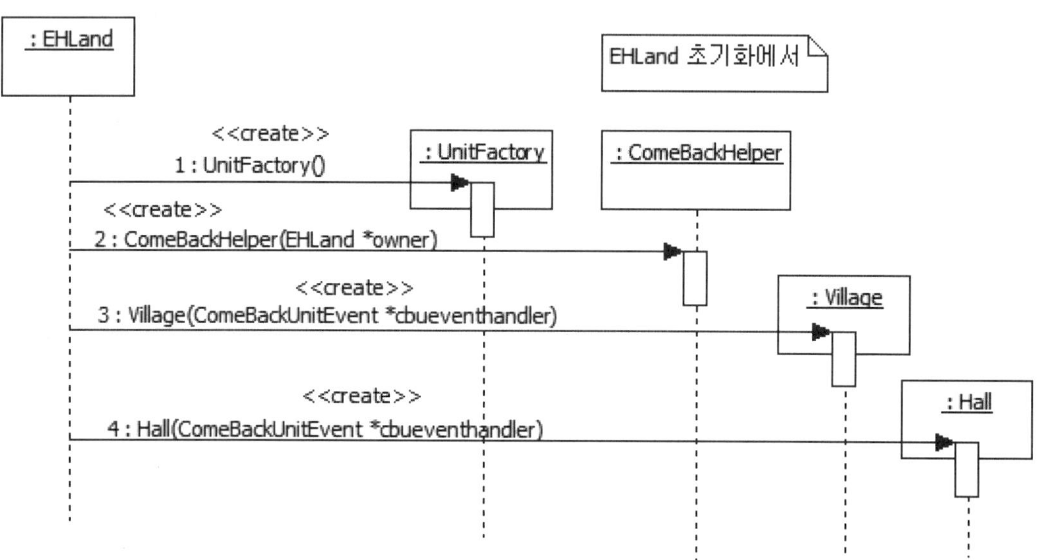

[그림 10.18]

이제 ComeBackUnit 유즈케이스에 대한 시퀀스 다이어그램을 보여 드리겠습니다.

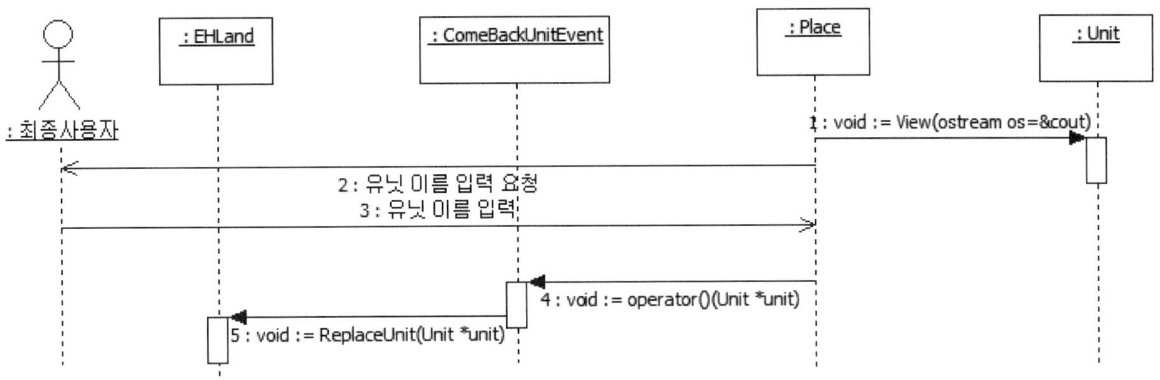

[그림 10.19]

실제 구현에 대한 부분은 다음 단계에서 다룰 것입니다.

이제는 주거지에서 초점이 왔을 때에 해당하는 유즈케이스들에 대한 시퀀스 다이어그램들을 작성해 보기로 합시다. 소등하기에 해당하는 TurnOff 유즈케이스에서는 전체 유닛을 잠을 자게 하고 회사원일 경우에만 자기 전에 알람을 설정해 주면 됩니다.

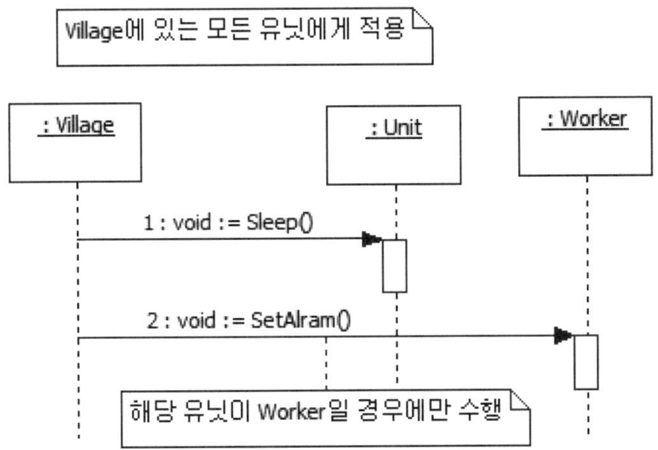

[그림 10.20]

휴식하기에 해당하는 Relax 유즈케이스에서는 유닛을 선택한 후에 해당 유닛을 휴식을 취하게 하고 해당 유닛이 마술사인 경우에는 휴식 후에 달나라 여행을 하게 하면 됩니다.

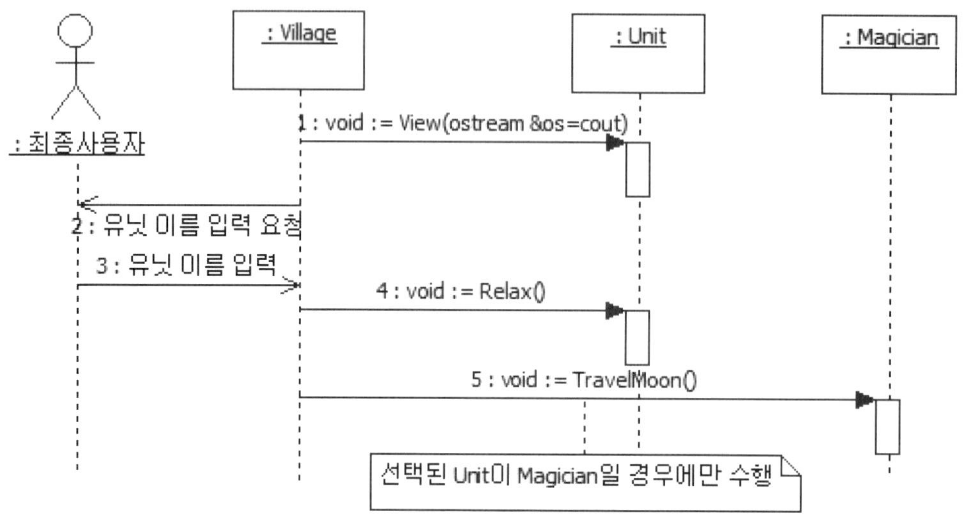

[그림 10.21]

마지막으로 EHLand 종료화에서 생성한 개체들을 소멸하는 부분에 대해 살펴봅시다. 개체 소멸에 관한 책임을 신뢰성 있게 하면서 간략하게 하는 좋은 방법은 개체를 생성한 곳에서 소멸에 관한 책임을 지게 하는 것입니다. 이를 시퀀스 다이어그램으로 나타내면 [그림 10.22]와 같이 나올 수 있을 것입니다.

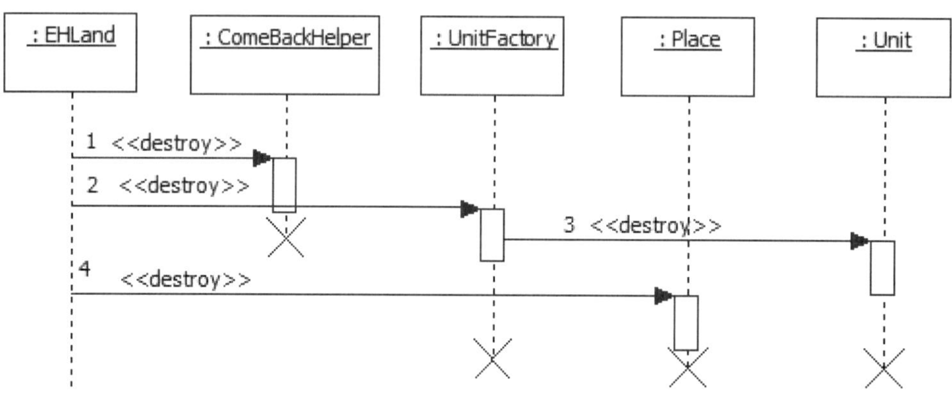

[그림 10.22]

이상으로 설계 단계는 마무리하기로 하겠습니다.

10.5 상세 설계 및 구현

여기에서는 지금까지 진행한 작업을 기반으로 어떻게 프로그램 코드로 변환하는지와 나머지 상세 구현 및 구체적 기능 구현에 대해 다루도록 하겠습니다. 제일 먼저, 클래스 다이어그램을 기반으로 프로젝트에 클래스를 추가하고 관계에 따라 헤더를 포함하는 구문을 넣을 것입니다. 그리고 시퀀스 다이어그램을 보면서 메시지를 수신하는 클래스에 public 멤버 메서드들을 추가하고 가상 메서드인지 추상 메서드 인지 등을 결정할 것입니다. 이 작업이 완료되면 시나리오와 시퀀스 다이어그램을 보면서 상세 설계 및 구현을 해 나가겠습니다.

10.5.1 클래스 추가 및 관계에 따른 헤더 포함

제일 먼저 프로젝트를 생성을 하십시오. 그리고 프로젝트를 생성하였으면 제일 먼저 진입점인 main이 있는 Program.cpp를 추가하도록 합시다.

Program.cpp

```
void main()
{
}
```

앞으로 프로그램에 무엇인가를 추가하였으면 주기적으로 컴파일하면서 오류가 있으면 오류를 잡으면서 프로그램을 작성해 나가시기 바랍니다. 오류는 줄여나갈 대상이지 키워나갈 대상이 아니며 한두 개의 오류는 쉽게 잡을 수 있지만 많아지면 오류를 고칠 의지가 꺾일 수도 있습니다.

이제 클래스 다이어그램에 있는 클래스들을 추가해 봅시다. EHLand, UnitFactroy 등 클래스 다이어그램을 보면서 추가를 해 나갑니다. Hall과 같은 파생 클래스를 추가할 때에는 기반 클래스를 명시하여 클래스를 추가하시기 바랍니다. 그리고 개발도구에 의해 자동으로 만들어져 있는 생성자와 소멸자는 헤더 파일과 소스 파일에서 제거하도록 하겠습니다.

클래스들을 추가하였으면 먼저 클래스 다이어그램에 명시한 관계에 따라 필요한 헤더 파일을 추가하도록 합시다. 여기에서는 빌드 타임을 고려하여 효율적으로 헤더를 포함하는 방법에 대해서는 논하지 않겠습니다.

먼저, EHLand.h에 포함할 것들을 추가해 봅시다. EHLand에서는 초기화에서 UnitFactory와 Hall과 Village를 생성합니다. 그리고 초기화 시퀀스 다이어그램을 보시면 장소들을 생성하기 전에 ComeBackHelper를 생성하여 생성한 개체를 입력 인자로 넣어줍니다. 그리고 유닛들의 정보를 보거나 유닛을 사용합니다. 이들을 위해 EHLand에는 UnitFactory.h와 Unit.h, Place.h, Hall.h, Village.h를 포함해야 합니다. 그리고 유닛을 복귀시키는데 필요한 ComeBackHelper는 EHLand에 정의하겠습니다. 참고로 ComeBackUnitEvent클래스는 Place.h에 정의하겠습니다. 다음은 이를 반영한 코드입니다.

참고로 class ComeBackHelper; 와 같이 표현하는 것은 프로젝트 내에 ComeBackHelper 클래스가 있다는 것을 컴파일러에게 알려주는 역할을 합니다. A 형식이 B 형식을 알아야 하고 B 형식이 A 형식을 알아야 할 때면 이와 같은 표현을 이용할 수 있습니다.

이와 같은 표현을 사용할 때 주의할 사항은 class ComeBackHelper; 이 구문이 아직 ComeBackHelper의 정의가 완료된 것이 아니므로 필요한 메모리 크기를 모릅니다. 이러한 이유로 ComeBackHelper 형식에 대한 포인터 변수는 선언할 수 있지만 ComeBackHepler 형식의 변수는 선언할 수 없습니다.

EHLand.h

```
#pragma once
#include "UnitFactory.h"
#include "Unit.h"
#include "Place.h"
#include "Village.h"
#include "Hall.h"

class ComeBackHelper;

class EHLand
{
};
class ComeBackHelper:
    public ComeBackUnitEvent
{
};
```

Place.h에서는 Unit에 대해서만 알고 있으면 됩니다. 각 Unit이 구체적으로 어떠한 형식의 개체인지를 판단하여 실질적으로 제어하는 것은 Hall이나 Village에서 수행할 것이므로 파생된 형식을 Place에서 알 필요는 없습니다. 그리고 Place에서는 Unit들을 EHLand로 복귀시키기 위한 클래스의 추상화된 ComeBackUnitEvent를 구현이 되어야 합니다. 이 부분도 Place에 추가하도록 하겠습니다.

Place.h

```
#pragma once
#include "Unit.h"
class ComeBackUnitEvent
{
};
class Place
{
};
```

Hall에서는 무대에 올라가기 메뉴에서 선택한 유닛이 Artist일 경우에 논평하는 부분이 있기 때문에 Artist가 정의된 헤더 파일을 포함을 시킵니다. 하지만 Artistr라 해서 별도의 멤버 필드에 보관할 필요는 없기 때문에 Artist.h는 Hall.cpp에 추가하는 것이 더 효과적일 수도 있습니다. 여기에서는 Hall.h에 포함시키기로 하겠습니다.

Hall.h

```
#pragma once
#include "Place.h"
#include "Artist.h"
class Hall :
    public Place
{
};
```

Village에서도 소등하기에서 Worker 유닛은 알람을 설정해야 하고 휴식하기에서는 Magician이 달나라 여행을 가야 하므로 Worker.h와 Magician.h를 추가해 주어야 합니다. 마찬가지로 관리하는 멤버 필드나 입력 인자나 반환 형식으로 Worker나 Magician 형식이 사용되는 것이 아니고 구체적인 코드에서만 필요하다면 헤더 파일이 아닌 소스 파일에 추가하는 것이 효과적일 수 있습니다. 여기에서는 헤더 파일에 추가하도록 하겠습니다.

Village.h

```
#pragma once
#include "Place.h"
#include "Magician.h"
#include "Worker.h"

class Village :
    public Place
{
};
```

UnitFactory.h 에서는 Magician, Artist, Worker을 생성을 합니다. 그리고 UnitFactory는 소멸 시에 자신이 생성한 모든 Unit 개체들을 소멸시켜야 하므로 이들을 관리하고 있어야 합니다.

UnitFactory.h

```
#pragma once
#include "Unit."
#include "Magician.h"
#include "Artist.h"
#include "Worker.h"
class UnitFactory
{
};
```

그리고 Unit은 추상화된 IPlay와 IRelax를 구현 약속해야 하므로 이들을 포함하고 있어야 할 것입니다.

Unit.h

```
#pragma once
#include "IPlay.h"
#include "IRelax.h"
class Unit:
    public IPlay, public IRelax
{
};
```

이 외에 Magiacian, Artist, Worker클래스에서는 기반 클래스 형식에서 파생되었다는 것만을 표현하면 되기 때문에 Unit.h만 추가하면 됩니다. 클래스를 추가할 때 기반 클래스를 명시하고 생성하였다면 개발 도구에 의해 자동으로 추가되었을 것입니다.

Magician.h

```
#pragma once
#include "Unit.h"
class Magician :
    public Unit
{
};
```

Artist.h

```
#pragma once
#include "Unit.h"
class Artist :
    public Unit
{
};
```

Worker.h

```
#pragma once
#include "Unit.h"
class Worker :
    public Unit
{
};
```

10.5.2 접근 권한이 public인 멤버 메서드

관계에 따른 헤더 파일을 추가하였으면 시퀀스 다이어그램들을 보면서 접근 권한이 public인 멤버 메서드들을 추가해 보도록 합시다. 우리는 설계 단계의 시퀀스 다이어그램에서 다른 개체의 메서드를 호출하는 것에 대해서만 약속을 하였는데 호출을 당하는 개체에는 해당 시그니쳐를 갖는 멤버 메서드가 public으로 되어 있어야 할 것입니다.

초기화 시퀀스를 보면 UnitFactory, ComeBackHelper, Village, Hall을 생성하고 있습니다. 이들의 생성자 메서드는 접근 권한이 public으로 노출되어야 할 것입니다. 시퀀스 다이어그램을 보시면 UnitFactory의 생성자는 기본 생성자이고 ComeBackHelper의 생성자는 EHLand *를 입력 인자로 받습니다. 그리고 Village, Hall의 생성자는 ComeBackUnitEvent *형식을 입력 인자로 받고 있으며 두 장소에서 EHLand로 유닛을 복귀시키는 동작은 같기 때문에 이를 관리하는 것은 기반 클래스인 Place에서 하기로 하겠습니다. 즉, Place의 생성자의 입력 인자도 Village와 Hall과 같게 하도록 하겠습니다. 이들을 각각 헤더 파일과 소스 파일에 추가하십시요.

```
// UnitFactory.h를 수정
class UnitFactory
{
public:
    UnitFactory();
};
//UnitFactory.cpp를 수정
#include "UnitFactory.h"
UnitFactory::UnitFactory()
{
    throw "UnitFactory::UnitFactory 구현하지 않았음";
}
```

소스 파일에 멤버 메서드를 추가를 하고 아직 구현하지 않았기 때문에 이를 사용하였을 때 예외를 발생을 시켜 구현되지 않은 멤버 메서드를 호출하였을 때 이를 빠르게 발견할 수 있도록 할 수 있습니다. ComeBack Helper 클래스는 EHLand.h에 직접 구현하도록 하겠습니다. 먼저, 생성자 메서드를 시퀀스 다이어그램에 약속된 형태로 추가합시다.

```
//EHLand.h를 수정
class ComeBackHelper:
    public ComeBackUnitEvent
{
public:
    ComeBackHelper(EHLand *owner)
    {
        throw "ComeBackHelper::ComeBackHelper 구현하지 않았음";
    }
};
```

Place 생성자와 Village, Hall의 생성자도 추가하십시오. 단, Place 개체는 Village와 Hall의 기반 클래스로 파생된 클래스인 Village와 Hall 개체가 생성될 때 기반 클래스의 생성자가 호출되므로 접근 권한을 protected로 설정하겠습니다.

```
//Place.h를 수정
class Place
{
protected:
    Place(ComeBackUnitEvent *cbu_eventhandler);
};

//Place.cpp를 수정
#include "Place.h"
Place::Place(ComeBackUnitEvent *cbu_eventhandler)
{
    throw "Place::Place를 구현하지 않았음";
}
```

그리고 파생된 Village와 Hall의 기반 클래스의 기본 생성자가 없으므로 Village와 Hall의 생성자에서 초기화하는 것을 추가해 주셔야 합니다. 아래와 같이 Hall.h와 Hall.cpp도 수정하십시오.

```
//Village.h를 수정
class Village :
    public Place
{
public:
    Village(ComeBackUnitEvent *cbu_eventhandler);
};

//Village.cpp를 수정
#include "Village.h"
Village::Village(ComeBackUnitEvent *cbu_eventhandler)
    :Place(cbu_eventhandler)
{
    throw "Village::Village를 구현하지 않았음";
}
```

이번에는 유닛 생성 시퀀스 다이어그램을 보면서 public 메서드를 추가해 봅시다. 유닛 생성에서는 EHLand에서 UnitFactory에게 유닛을 생성해 달라는 MakeUnit 메서드와 UnitFactory로부터 생성하려고 하는 개체 형식에 따라 Magician, Artist, Worker를 생성해야 합니다. 이들을 각 시퀀스 다이어그램에 약속한 것에 따라서 public 메서드를 추가해 봅시다.

UnitFactory 에서는 MakeUnit을 추가해 봅시다.

```
//UnitFactory.h에 추가
    Unit *MakeUnit(int utype,string uname);

//UnitFactory.cpp에 추가
Unit *UnitFactory::MakeUnit(int utype,string uname)
{
    throw "UnitFactory::MakeUnit 구현하지 않았음";
}
```

이들을 추가하고 컴파일을 하면 string 형식을 모르기 때문에 컴파일 오류가 발생할 것입니다. 앞으로 프로젝트에서 사용할 std의 기본 입출력 스트림과 string에 대한 부분을 Common.h에 추가하고 이를 Unit 헤더에 포함하기로 하겠습니다. 이 프로그램에서 Unit은 모든 곳에서 포함되므로 Unit 헤더에만 포함하면 될 것입니다. 그리고, 개발하다가 기본적으로 포함해야 할 것이 있다면 이를 Common.h에 추가하시기 바랍니다.

Common.h
#pragma once #include <iostream> #include <string> using std::ostream; using std::cout; using std::endl; using std::cin; using std::string;

```
//Unit.h에 추가
#include "Common.h"
```

Magician과 Artist, Worker를 생성하고 소멸하는 것은 UnitFactory에서만 가능하게 하기로 하였습니다. 이 경우에 생성자와 소멸자를 public으로 노출을 시키면 다른 스코프에서도 이들을 생성 혹은 소멸시킬 수 있습니다. 이를 막기 위해 이들의 생성자와 소멸자는 private로 접근 수준을 결정하겠습니다. 대신 이들의 생성과 소멸을 책임지는 UnitFactory는 friend로 지정하도록 함으로써 전체 신뢰성을 높이겠습니다. 이와 같이 friend도 목적에 부합하게 잘 사용한다면 프로그램의 신뢰성을 떨어트리는 요소가 아닌 향상하는 요소로 사용될 수 있습니다.

```
//Magician.h를 수정
class Magician :
    public Unit
{
private:
    friend class UnitFactory;
    Magician(int seq,string name);
    ~Magician();
};

//Magician.cpp를 수정
Magician::Magician(int seq,string name)
    :Unit(seq,name)
{
    throw "Magician::Magician을 구현하지 않았음";
}
Magician::~Magician()
{
    throw "Magician::~Magician을 구현하지 않았음";
}
```

같은 원리로 Artist와 Worker도 수정하면 됩니다. 그리고 Unit 클래스의 생성자는 파생된 스코프에서 접근할 수 있어야 하기 때문에 protected로 접근 수준을 결정해야 할 것이며 소멸은 UnitFactory와 파생된 곳에서만 가능해야 하기 때문에 protected으로 지정한 후에 UnitFactory를 friend로 지정하면 됩니다.

```
//Unit.h를 수정
class Unit:
    public IPlay, public IRelax
{
protected:
    Unit(int seq,string name);
    friend class UnitFactory;
    virtual ~Unit();
};
```

```
//Unit.cpp를 수정
Unit::Unit(int seq,string name)
{
    throw "Unit::Unit을 구현하지 않았음";
}
Unit::~Unit()
{
    throw "Unit::~Unit을 구현하지 않았음";
}
```

포커스 이동 시퀀스 다이어그램에서는 EHLand에서 Place에 SetFocus 메서드를 호출하는 것만 있습니다. 다만, 각 장소의 SetFocus에서는 실제 수행하는 구체적 구현이 다르므로 순수 가상 함수로 정의하고 파생된 곳에서 재정의를 하여야 합니다.

```
//Place.h를 수정
public:
    virutal void SetFocus()=0;

//Hall.h를 수정
public:
    void SetFocus();

//Hall.cpp를 수정
void Hall::SetFocus()
{
    throw "Hall::SetFocus를 구현하지 않았음";
}
```

같은 원리로 Village.h와 Village.cpp도 작성하시면 됩니다.

이번에는 유닛 이동을 살펴봅시다. 유닛 이동 시퀀스 다이어그램을 보면 EHLand에서 유닛을 선택하기 위해 개체를 출력하는 것과 선택한 유닛을 Place에 보내는 부분이 있습니다. 유닛의 정보를 출력하는 것은 개체 출력자로 구현하기로 하였으므로 개체 출력자에서는 Unit의 View메서드를 사용하기로 하였습니다. 이를 위해 Unit 클래스에는 View 메서드를 추가하고 전역에피 연산자로 ostream &와 const Unit 포인터를 받는 << 연산자를 중복 정의하시면 됩니다.

```
//Unit.h에 추가
public:
    void View(ostream &os=cout)const; //Unit 클래스 내부에

ostream &operator<<(ostream &os,const Unit *unit); //클래스 외부에
```

```
//Unit.cpp에 추가
void Unit::View(ostream &os)const
{
    throw "Unit::View를 구현하지 않았음";
}
ostream &operator<<(ostream &os,const Unit *unit)
{
    unit->View(os);
    return os;
}
```

Place에는 유닛이 추가되는 InsertUnit메서드를 추가하시면 됩니다.

```
//Place.h에 추가
    void InsertUnit(Unit *unit);

//Place.cpp에 추가
void Place::InsertUnit(Unit *unit)
{
    throw "Place::InsertUnit을 구현하지 않았음";
}
```

EHLand에서 전체 상황 보기에서는 유닛의 정보를 개체 출력자를 이용하여 보여주고 각 장소의 정보도 개체 출력자를 이용하여 보여주면 됩니다. 이미 유닛의 개체 출력자는 추가하였으므로 장소의 개체 출력자를 추가하면 됩니다. 같은 원리로 구현한다고 할 때 장소의 View메서드는 가상 함수에서는 공통적인 부분만 구현하고 다른 부분은 Village나 Hall에서 추가 구현하도록 합시다.

```
//Place.h에 추가
virtual void View(ostream &os=cout)const; // Place 클래스 내부
ostream &operator<<(ostream &os,const Place *place); //Place 클래스 외부

//Place.cpp에 추가
void Place::View(ostream &os)const
{
    throw "Place::View를 구현하지 않았음";
}
ostream &operator<<(ostream &os,const Place *place)
{
    place->View(os);
    return os;
}
```

```
//Hall.h에 추가
void View(ostream &os)const;

//Hall.cpp에 추가
void Hall::View(ostream &os)const
{
    throw "Hall::View를 구현하지 않았음";
}
```

같은 원리로 Village에도 View 메서드를 추가하시면 됩니다.

Hall에서는 IPlay에 약속된 행위만 수행해야 합니다. 공연하기에서 감상하기에 대한 행위에 대하여 구현 약속을 IPlay에서 합니다. 이를 위해 IPlay에서는 ViewConcert메서드를 순수 가상 함수로 작성하면 됩니다. 그리고 공연을 감상할 때 모든 유닛은 공통으로 행복을 느끼는 부분이 있고 마법사인 경우에만 추가로 매직 아이를 하므로 공통된 부분을 Unit.h에서 정의하고 Magician에서는 이를 재정의하도록 하겠습니다.

```
//IPlay.h
public:
    virtual void ViewConcert()=0;

//Unit.h에 추가
    void ViewConcert();

//Unit.cpp에 추가
void Unit::ViewConcert()
{
    throw "Unit::ViewConcert를 구현하지 않았음";
}

//Magician.h에 추가
public:
    void ViewConcert();

//Magician.cpp에 추가
void Magician::ViewConcert()
{
    throw "Magician::ViewConcert를 구현하지 않았음";
}
```

비판하기는 Artist에만 있는 기능이기 때문에 Artist에만 추가하면 되겠네요.

```
//Artist.h에 추가
public:
    void Criticism();

//Artist.cpp에 추가
void Artist::Criticism()
{
    throw "Artist::Criticism을 구현하지 않았음";
}
```

Hall에서 유닛에게 할 수 있는 또 다른 행위로 소개하기가 있습니다. 이 또한 IPlay에서 순수 가상 함수로 만들고 이들에 대한 구체적 행위는 모든 유닛이 같기 때문에 Unit 클래스에서 구현하면 됩니다.

```
//IPlay.h에 추가
    virtual void Introduce()=0;

//Unit.h에 추가
    void Introduce();

//Unit.cpp에 추가
void Unit::Introduce()
{
    throw "Unit::Introduce를 구현하지 않았음";
}
```

이번에는 유닛을 EHLand에 복귀시키는 부분에 대해 살펴보기로 합시다. 이에 대한 시퀀스 다이어그램을 보시면 먼저 Place에서는 복귀할 Unit을 선택하기 위해 개체의 정보를 출력하고 ComeBackUnitEvent개체의 함수 호출 연산자를 호출하면 ComeBackUnitEvent 개체에서는 EHLand의 ReplaceUnit을 호출하는 구조로 되어 있습니다.

Unit의 개체 정보를 출력하는 부분은 이미 앞에서 제공하고 있기 때문에 별도로 추가할 부분이 없습니다.

여기서 추가해야 할 것은 ComeBackUnitEvent 클래스에 함수 연산자 중복 정의를 해야 하는데 해당 클래스는 추상 클래스로 이에 대한 순수 가상 메서드만 약속을 할 것입니다. 이에 대한 구체적인 구현은 파생된 클래스인 ComeBackHelper에서 재정의하여 구현을 할 것입니다.

```
//Place.h에 추가
class ComeBackUnitEvent
{
public:
    virtual void operator() (Unit *unit)=0;
};

//EHLand.h에 추가
class ComeBackHelper:
    public ComeBackUnitEvent
{
public:
    ComeBackHelper(EHLand *owner)
    {
        throw "ComeBackHelper::ComeBackHelper 구현하지 않았음";
    }
    void operator() (Unit *unit)
    {
        throw "ComeBackHelper::operator() 를 구현하지 않았음";
    }
};
```

그리고 EHLand에 ReplaceUnit 메서드를 추가해야 합니다.

```
//EHLand.h
class EHLand
{
public:
    void ReplaceUnit(Unit *unit);
};

//EHLand.cpp
void EHLand::ReplaceUnit(Unit *unit)
{
    throw "EHLand::ReplaceUnit을 구현하지 않았음";
}
```

주거지에서 소등하기에 대한 부분을 해 봅시다. 여기도 잠을 자게 하는 행위에 대한 약속은 IRelax에서 합니다. 그리고 잠을 행위는 예술가와 마법사, 회사원 모두 다르므로 이들 클래스에서 재정의를 하면 됩니다. 그리고 Worker일 경우에는 알람을 설정할 수 있어야 하는데 이는 Worker에만 추가하면 될 것입니다.

```
//IRelax.h
public:
    virtual void Sleep()=0;

//Magacian.h
void Sleep();

//Magacian.cpp
void Magician::Sleep()
{
    throw "Magician::Sleep을 구현하지 않았음";
}
```

Artist와 Worker에서도 같은 방법으로 추가합니다.

알람을 설정하는 것은 Worker에만 있는 기능이기 때문에 Worker에만 추가하면 됩니다.

```
//Worker.h
void SetAlram();

//Worker.cpp
void Worker::SetAlram()
{
    throw "Worker::SetAlram을 구현하지 않았음";
}
```

휴식하기 부분에서는 유닛을 선택하기 위해 유닛의 정보를 출력하고 선택된 유닛에게 휴식을 취하게 합니다. 다만, 마법사일 때에는 달나라 여행을 하게 합니다.

휴식하는 것도 IRelax에서 순수 가상 함수로 만들고 각 유닛의 종류에 따라 다르게 동작하기 때문에 Unit에서 파생된 각 클래스에서 재정의를 하면 될 것입니다.

```
//IRelax.h
virtual void Relax()=0;

//Magacian.h
void Relax();
void TravelMoon();

//Magician.cpp
void Magician::Relax()
{
    throw "Magician::Relax를 구현하지 않았음";
}
void Magician::TravelMoon()
{
    throw "Magician::TravelMoon을 구현하지 않았음";
}
```

디폴트 소멸자를 사용하지 않고 개발자가 추가해야 할 클래스는 내부에서 동적으로 개체를 생성하는 클래스들과 특정 클래스나 특정 함수에서만 소멸에 관한 책임을 부과하는 경우입니다. 이미 Unit과 Unit에서 파생한 클래스에서는 이들에 대하여 추가하였습니다. 여기에서는 유닛을 생성하는 UnitFactory의 소멸자를 추가하기로 하겠습니다.

```
//UnitFactory.h
    ~UnitFactory();

//UnitFactory.cpp
UnitFactory::~UnitFactory()
{
    throw "UnitFactory::~UnitFactory 구현하지 않았음";
}
```

10.5.3 상세 구현하기

상세 구현하기에서는 시나리오를 보면서 지금 비어 있는 각 함수의 내부를 구현해 나가고 필요한 멤버가 있다면 추가하면서 프로그램을 작성해 봅시다.

제일 먼저, 프로그램이 시작할 때 이 에이치 나라가 생성되고 초기화, 사용자 명령에 따른 동작, 종료화 과정을 수행시키는 부분을 해 봅시다. C++언어로 작성하는 콘솔 응용 프로그램은 main이라는 진입점 함수에서 시작한다는 것을 잘 알고 있습니다. 하지만 main은 특정 클래스 스코프가 아니며 EHLand는 논리적으로 보았을 때 하나의 개체만 생성이 되어 실행되어야 할 것입니다. 이를 위해 여기에서는 EHLand의 생성자와 소멸자의 접근 수준은 private으로 막아놓겠습니다. 대신 접근 수준이 public인 정적 메서드 Start를 제공하여 이곳에서 EHLand 개체를 생성하고 가동하기로 하겠습니다. 생성자에서는 초기화를 호출하게 하고 생성 후에 사용자 명령에 따른 동작을 호출, 소멸자에서 종료화 과정을 수행하도록 하겠습니다.

제일 먼저 main에서는 EHLand의 정적 메서드 Start를 호출하는 부분을 추가합니다.

```
//Program.cpp 에 진입점 main 구현
#include "EHLand.h"
void main()
{
    EHLand::Start();
}
```

그리고 EHLand.h에서는 접근 권한이 public으로 설정하여 정적 메서드 Start를 추가하고 private 으로 설정된 생성자와 초기화, 동작, 소멸자, 종료화에 대한 메서드를 추가합니다.

```
//EHLand.h 에 멤버 메서드 추가
public:
    static void Start();
    void ReplaceUnit(Unit *unit);//기존에 추가했었던 것
private:
    EHLand();
    ~EHLand();
    void Init();
    void Run();
    void Exit();
```

이제 이들을 소스 파일에 추가하고 구현을 해 보기로 합시다. 먼저, Start메서드에서는 EHLand개체를 생성하고 이를 구동하고 소멸을 시킵니다.

```
//EHLand.cpp 의 Start 메서드 구현
void EHLand::Start()
{
    EHLand *singleton = new EHLand();
    singleton->Run();
    delete singleton;
}
```

EHLand 생성자에서는 초기화를 호출합니다.

```
EHLand::EHLand()
{
    Init();
}
```

소멸자에서는 종료화를 호출합니다.

```
EHLand::~EHLand()
{
    Exit();
}
void EHLand::Init()
{
    throw "EHLand::Init을 구현하지 않았음";
}
void EHLand::Run()
{
    throw "EHLand::Run을 구현하지 않았음";
}
void EHLand::Exit()
{
    throw "EHLand::Exit을 구현하지 않았음";
}
```

이제 EHLand의 초기화부터 하나하나 구현해 보기로 합시다.

초기화에서는 유닛 공장이 만들고 유닛의 복귀를 도와줄 ComeBackHelper개체를 생성하고 주거지와 공연장을 만들면 됩니다. 그리고 이들은 EHLand의 다른 메서드에서도 계속 사용되어야 할 것이기 때문에 이들을 관리하기 위한 멤버 필드가 필요할 것입니다. 추가로 EHLand에서 유닛들을 Template에서 만들었던 Arr 클래스를 이용하기로 하겠습니다. 이를 위해 EHLand.h에서는 Arr.h를 포함해야 할 것입니다.

```
//EHLand.h에 추가
#include "Arr.h"
```

Arr.h에 대해서는 별도로 설명하지 않겠습니다.

Arr.h

```
#pragma once
template <typename T>
class Arr
{
    T *base;
    const int bsize;
public:
    Arr(int _bsize):bsize(_bsize)
    {
        base = new T[bsize];
        for(int i=0 ; i<bsize ; i++)
        {
            base[i] = 0;
        }
    }
    ~Arr()
    {
        delete[ ] base;
    }
    T &operator[](int index)
    {
        if((index>=0)&&(index<bsize))
        {
            return base[index];
        }
        throw "잘못된 인덱스를 사용하였습니다.";
    }
};
```

멤버 필드는 클래스의 시작부에 선언하여 디폴트 접근 수준인 private으로 지정을 하는 습관을 들여 정보 은닉을 통한 신뢰성을 강화하는 것이 바람직할 것입니다. 외부 스코프나 파생된 곳에서 이들의 상태를 바꿔야 한다면 필요한 수준의 접근 권한이 있는 메서드를 제공하여 상태를 바꾸도록 하면 됩니다.

```
//EHLand.h에 멤버 필드 추가
#include "Arr.h"
class EHLand
{
    UnitFactory *unitfactory;
    ComeBackHelper *comebackhelper;
    Place *places[2];
    Arr<Unit *> *units;
```

Init메서드에서는 유닛 공장과 복귀를 위해 필요한 ComeBackHelper 개체, 공연장과 주거지, 그리고 유닛들을 보관하기 위한 템플릿 컬렉션 클래스인 Arr개체를 생성을 하는 코드를 추가합니다.

```
//EHLand.cpp에 Init 메서드 구현
void EHLand::Init()
{
    unitfactory = new UnitFactory();
    comebackhelper = new ComeBackHelper(this);
    places[0] = new Hall(comebackhelper);
    places[1] = new Village(comebackhelper);
    units = new Arr<Unit *>(10);
}
```

그리고 ComeBackHelper에 입력 인자를 보관하는 멤버 필드를 선언하고 생성자에서 넘어온 인자를 대입하는 부분을 추가하도록 합시다. 해당 클래스는 EHLand 헤더 파일에 작성하였습니다.

```
class ComeBackHelper:    public ComeBackUnitEvent
{
    EHLand *owner;
public:
    ComeBackHelper(EHLand *owner)
    {
        this->owner = owner;
    }
    void operator() (Unit *unit)
    {
        throw "ComeBackHelper::operator() 를 구현하지 않았음";
    }
};
```

각 장소를 생성할 때에는 입력 인자로 유닛을 EHLand로 보내는 데 필요한 개체를 받고 있는데 이 부분은 장소에 상관없이 같아서 Place에 멤버 필드를 선언하고 Place 생성자에서 대입하면 됩니다. 그리고 Place에서 파생 받은 Hall과 Village의 생성자는 특별히 할 것이 없으므로 예외를 발생시켰던 구문을 삭제하기만 하면 됩니다.

```
//Place.h의 Place 클래스에 멤버 필드 추가
ComeBackUnitEvent *cbu_eventhandler;

//Place.cpp에 생성자 구현
Place::Place(ComeBackUnitEvent *cbu_eventhandler)
{
    this->cbu_eventhandler = cbu_eventhandler;
}
```

C++로 프로그래밍할 때 동적으로 생성한 개체의 소멸에 관한 책임을 등한시 하는 경우가 많습니다. 이에 관한 책임을 다하지 않는다고 해도 프로그램이 오류가 발생하거나 잘못된 부분을 개발자가 인지하지 못하기 때문에 간과하고 넘어갈 수 있습니다. 하지만, 만약 우리가 작성하는 프로그램이 365일 24시간 계속 운영되는 서버 프로그램이라고 한다면 동적으로 생성한 개체의 소멸에 관한 책임을 다 하지 않는다면 메모리 누수로 메모리 폴트 현상이 발생할 수 있습니다. 우리는 습관적으로 개체를 생성할 때 소멸에 대한 코드도 같이 작성하는 습관을 들인다면 효과적으로 메모리 관리를 할 수 있을 것입니다. 여기서도 Exit부분에 생성한 개체들을 소멸하는 코드를 추가하도록 합시다.

```
void EHLand::Exit()
{
    delete unitfactory;
    delete comebackhelper;
    delete places[0];
    delete places[1];
    delete units;
}
```

이제 사용자 명령에 따라 동작하는 EHLand 클래스의 Run 메서드를 구현합시다. 여기에서는 종료 메뉴를 선택하기 전까지 선택한 메뉴를 수행하는 것을 반복하기로 하였고 메뉴에는 유닛 생성, 초점 이동, 유닛 이동, 전체 상황 보기, 종료 메뉴가 있습니다. 이를 위해 7.4 함수 개체에서 사용했던 MyGlobal 클래스를 프로젝트에 추가하여 사용하기로 하겠습니다. 여기에서는 이에 대한 별도의 설명은 생략하도록 하겠습니다. 그리고, 이처럼 추가한 MyGlobal.h를 Unit.h에서 포함함으로써 모든 곳에서 사용할 수 있게 하겠습니다. 먼저, Run 에서는 반복문의 조건에서 메뉴를 선택하고 선택한 값이 종료 키가 아닐 동안 반복하게 지정하도록 하겠습니다. 그리고 선택한 값에 따라 선택문을 이용하여 유닛 생성, 초점 이동, 유닛 이동, 전체 상황 보기를 호출합시다.

```
//EHLand.h
    MyGlobal::KeyData SelectMenu();
    void MakeUnit();
    void MoveFocus();
    void MoveUnit();
    void ViewState();

//EHLand.cpp
void EHLand::Run()
{
    MyGlobal::KeyData key = MyGlobal::ESC;
    while( ( key = SelectMenu())!= MyGlobal::ESC)
    {
        switch(key)
        {
        case MyGlobal::F1: MakeUnit(); break;
        case MyGlobal::F2: MoveFocus(); break;
        case MyGlobal::F3: MoveUnit(); break;
        case MyGlobal::F4: ViewState(); break;
        default: cout<<"잘못된 메뉴를 선택하였습니다."<<endl;
    }
    cout<<"아무키나 누르세요"<<endl;
    MyGlobal::GetKey();
    }
}
MyGlobal::KeyData EHLand::SelectMenu()
{
    system("cls");
    cout<<"EHLand 메뉴  [ESC]:프로그램 종료"<<endl;
    cout<<"[F1]:유닛 생성[F2]:초점 이동[F3]:유닛 이동[F4]:전체 상태 보기"<<endl;
    cout<<"메뉴를 선택하세요"<<endl;
    return MyGlobal::GetKey();
}
void EHLand::MakeUnit()
{
    throw "EHLand::MakeUnit을 구현하지 않았음";
}
void EHLand::MoveFocus()
{
    throw "EHLand::MoveFocus를 구현하지 않았음";
}
```

```
void EHLand::MoveUnit()
{
    throw "EHLand::MoveUnit을 구현하지 않았음";
}
void EHLand::ViewState()
{
    throw "EHLand::ViewState를 구현하지 않았음";
}
```

유닛 생성에 대하여 구현해 보기로 합시다.

유닛 생성에서는 EHLand에서 최종 사용자로부터 생성할 유닛 종류와 유닛의 이름을 입력받는 것이 필요합니다. 그리고, 이를 UnitFactory에게 유닛 생성을 요청하면 UnitFactory에서는 요청한 유닛 종류에 따라 마법사나 예술가, 회사원 개체를 생성하여 생성된 유닛을 반환해 주면 됩니다. 그리고 UnitFactory에서 유닛을 생성할 때에는 공장에서 유닛의 일련번호를 순차적으로 부여하여야 합니다.

EHLand의 MakeUnit에서는 최종 사용자에게 생성할 유닛의 종류와 이름을 입력받아 unitfactory를 통해 유닛을 생성하고 생성한 유닛을 배치해주면 될 것입니다. 유닛을 배치시키는 부분은 이미 ReplaceUnit이라는 메서드를 추가하였기 때문에 이 부분을 구현하면 될 것입니다.

```
void EHLand::MakeUnit()
{
    int utype=0;
    cout<<"생성할 유닛 종류를 입력하세요. [1]:마법사 [2]:예술가 [3]:회사원"<<endl;
    utype = MyGlobal::GetNum();
    if((utype>=1)&&(utype<=3))
    {
        cout<<"생성할 유닛의 이름을 입력하세요"<<endl;
        string name = MyGlobal::GetStr();
        Unit *unit = unitfactory->MakeUnit(utype,name);
        ReplaceUnit(unit);
    }
    else
    {
        cout<<"잘못 입력하셨습니다."<<endl;
    }
}
```

ReplaceUnit에서는 유닛을 보관하는 컬렉션 변수 units의 각 원소에 보관된 값이 있는지 확인해서 빈 곳에 보관하면 될 것입니다. 여기서 주의할 점은 units변수는 형식에 대한 포인터라는 점입니다.

```
void EHLand::ReplaceUnit(Unit *unit)
{
    for(int i = 0; i<10; i++)
    {
        if((*units)[i]==0)
        {
            (*units)[i] = unit;
            break;
        }
    }
}
```

UnitFactory의 MakeUnit 메서드에서는 요청에 따라 Unit에서 파생된 형식 개체를 생성하고 반환해 주어야 합니다. 그리고 자신이 생성한 Unit 개체들을 자신이 소멸 시에 같이 소멸시켜야 하므로 이들의 위치를 보관해야 합니다. 여기에서도 생성한 Unit들을 보관하기 위해 컬렉션이 필요할 것입니다.

이에 헤더 파일에 Arr.h를 추가하고 유닛을 보관할 수 있는 컬렉션 변수 units을 클래스 내에 선언하고 생성자에서 생성하고 소멸자에서 해당 컬렉션도 소멸시키는 코드도 추가하겠습니다.

```
//UnitFactory.h
#include "Arr.h"
class UnitFactory
{
    Arr<Unit *> *units;
    int u_seq;

//UnitFactory.cpp
#include "UnitFactory.h"
UnitFactory::UnitFactory()
{
    units = new Arr<Unit *>(10);
    u_seq = 0;
}
```

```
UnitFactory::~UnitFactory()
{
    for(int i = 0; i<u_seq; i++)
    {
        delete (*units)[i];
    }
    delete units;
}

Unit *UnitFactory::MakeUnit(int utype,string uname)
{
    Unit *unit=0;
    if(u_seq < 10)
    {
        switch(utype)
        {
        case 1: unit =new Magacian(u_seq+1,name); break;
        case 2: unit =new Artist(u_seq+1,name); break;
        case 3: unit =new Worker(u_seq+1,name); break;
        }
    }
    if(unit)
    {
        (*units)[u_seq] = unit;
        u_seq++;
    }
    return unit;
}
```

이제 유닛들의 생성자에 대해 구현해 봅시다. Unit에서 파생된 클래스들의 생성자에서는 이미 초기화를 통해 Unit의 생성자를 호출하고 있기 때문에 각 파생된 클래스에서 추가할 사항은 없습니다. 우리는 Unit 클래스에 생성자에서 입력 인자로 넘어온 일련번호와 이름을 멤버 필드에 대입하는 구문을 추가하면 됩니다. 그리고 일련번호는 상수화 멤버 필드로 하기로 합시다.

```
//Unit.h
    const int seq;
    string name;

//Unit.cpp
Unit::Unit(int _seq,string _name):seq(_seq),name(_name)
{
}
```

Unit에서 파생된 Magician, Artist, Worker 클래스의 각 생성자에서는 별도로 구현할 것이 없으므로 예외를 발생하는 구문을 없애줍시다. 그리고 Unit 클래스와 파생된 Magician, Artist, Worker 클래스의 소멸자도 구현할 부분이 없으니 예외를 발생하는 구문을 없애기 바랍니다.

이번에는 EHLand의 MoveFocus메서드를 구현해 봅시다. 여기에서는 최종 사용자에게 장소를 선택하게 한 후에 해당 장소의 SetFocus를 호출하면 됩니다. 장소를 선택하기 위한 부분은 별도의 메서드(SelectPlace)로 분리하여 구현하겠습니다. 함수는 논리적으로 하는 일이 여러 개로 구성되었다고 생각이 되면 분리하여 구현하였을 때 재사용성 및 유지 보수가 쉬워집니다.

```
void EHLand::MoveFocus()
{
    cout<<"초점 이동 메뉴입니다.
    Place *place = SelectPlace();
    if(place)
    {
        place->SetFocus();
    }
    else
    {
        cout<<"잘못 입력하셨습니다."<<endl;
    }
}

Place *EHLand::SelectPlace()
{
    int pnum=0;
    cout<<"장소를 선택하세요. [1]:공연장 [2]:주거지"<<endl;
    pnum = MyGlobal::GetNum();
    if((pnum >=1)&&( pnum <=2))
    {
        return places[pnum -1];
    }
    return 0;
}
```

물론, SelectPlace 메서드는 EHLand.h 파일 EHLand 클래스에 선언해 주어야 할 것입니다.

```
//EHLand.h 의 EHLand 클래스 내부
Place *SelectPlace();
```

EHLand의 MoveUnit 메서드를 구현해 보기로 합시다. 여기에서는 유닛을 선택하고 장소를 선택한 후에 해당 장소로 유닛을 보내기 위해 InsertUnit 메서드를 호출하면 됩니다. EHLand에서는 유닛을 선택하기 위한 메서드를 추가하기로 하고 이를 MoveUnit에서 호출하는 것으로 하겠습니다. 장소를 선택하는 것은 이미 구현된 SelectPlace를 호출하면 되고 특정 장소로 보내기 위한 InsertUnit은 이미 추가되어 있습니다. 그리고 마지막으로 EHLand에서 해당 유닛을 보관하는 것을 해제하기 위해 Remove메서드를 EHLand에 추가하기로 하겠습니다.

```
//EHLand.h의 EHLand 클래스에 추가
Unit *SelectUnit();
void Remove(Unit *unit);

void EHLand::MoveUnit()
{
    cout<<"이동할 유닛을 선택해주세요"<<endl;
    Unit *unit = SelectUnit();
    if(unit!=0)
    {
        cout<<"이동할 장소를 선택해주세요"<<endl;
        Place *place = SelectPlace();
        if(place != 0)
        {
            place->InsertUnit(unit);
            Remove(unit);
        }
        else
        {
            cout<<"장소를 잘못 선택하였습니다."<<endl;
        }
    }
    else
    {
        cout<<"유닛을 잘못 선택하였습니다."<<endl;
    }
}
```

새롭게 추가된 SelectUnit 메서드와 Remove 메서드를 먼저 구현을 하고 난 후에 Place의 InsertUnit 메서드를 구현하기로 합시다.

SelectUnit에서는 EHLand에 있는 유닛의 정보를 보여주고 나서 최조 사용자에게 유닛의 일련번호를 입력받아 해당 일련번호를 갖는 유닛을 반환하면 됩니다. 유닛의 정보를 보여주는 부분은 개체 출력자를 이용하기로 하였는데 유닛의 일련번호를 얻어오는 부분은 미처 시퀀스 다이어그램에는 나타내지 못했습니다. 이처럼 실제 프로그래밍을 하다 보면 각 단계에서 완벽하게 논리를 전개하여 다음 단계로 가지 않는 경우가 많습니다. 이러한 이유로 우리가 약속한 문서들은 언제나 완성된 것이 아니고 완성되어 나가는 것입니다. 그리고 이처럼 잘못된 것을 알게 되었다면 바로 약속된 문서를 변경함으로써 효과적으로 프로그래밍을 하시기 바랍니다.

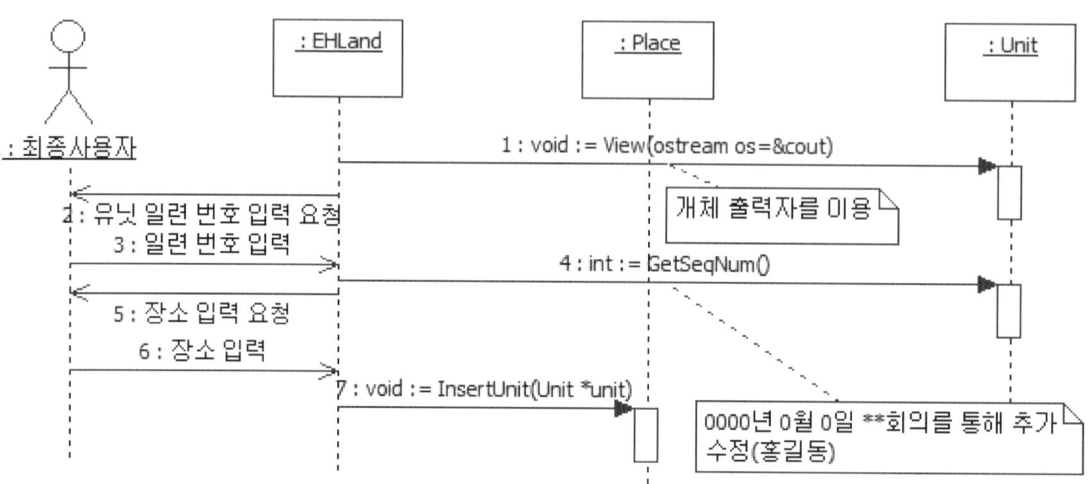

[그림 10.23]

SelectUnit 메서드는 다음과 같이 수정된 시퀀스를 반영하였습니다. 여기에서도 전체 유닛의 정보를 보여주 ViewUnits 메서드와 특정 시퀀스 번호의 유닛을 찾아주는 FindUnit 메서드로 분리하여 이를 이용하여 구현하였습니다.

```
Unit *EHLand::SelectUnit()
{
    ViewUnits();
    cout<<"유닛의 일련번호를 입력해주세요"<<endl;
    int useq = MyGlobal::GetNum();
    return FindUnit(useq);
}
```

물론, 이들은 EHLand.h에 추가하여야 합니다.

```
//EHLand.h의 EHLand 클래스 내부에 선언
    void ViewUnits();
    Unit *FindUnit(int useq);
```

전체 유닛을 보여주는 ViewUnit에서는 유닛을 보관하는 컬렉션 변수 units의 각 원소를 출력하면 되는데 보관되지 않은 빈 곳이 있을 수 있기 때문에 이에 대한 부분을 제외하여 출력해야 합니다.

```
void EHLand::ViewUnits()
{
    for(int i = 0; i<10; i++)
    {
        if((*units)[i])
        {
            Unit *unit = (*units)[i];
            cout<<unit<<endl;
        }
    }
}
```

마찬가지로 FindUnit에서도 유닛들이 보관된 컬렉션 변수 units의 각 원소에 있는 유닛들의 일련번호를 얻어와서 입력 인자로 전달받은 것과 같은 유닛을 찾아서 반환하면 됩니다. 물론, 비어 있는 유닛은 제외해야 할 것입니다.

```
Unit *EHLand::FindUnit(int useq)
{
    for(int i = 0; i<10; i++)
    {
        if((*units)[i])
        {
            Unit *unit = (*units)[i];
            if(unit->GetSeq() == useq)
            {
                return unit;
            }
        }
    }
    return 0;
}
```

이번에는 유닛의 개체 출력자 부분과 GetSeq메서드 부분을 구현해야겠네요. 이미 유닛의 개체 출력자에서는 유닛의 View 메서드를 호출하는 것으로 구현되어 있으므로 View 메서드를 구현하면 됩니다.

```
void Unit::View(ostream &os)const
{
    cout<<"일련번호:"<<seq<<" 이름:"<<name<<endl;
}
```

GetSeq 메서드에서는 자신의 일련번호를 반환하는 코드면 충분하겠네요.

```
int Unit::GetSeq()const
{
    return seq;
}
```

이번에는 MoveUnit에서 사용한 Place의 InsertUnit메서드를 구현해 봅시다. 여기에서도 들어온 유닛을 보관하기 위해서는 컬렉션이 필요하겠네요. Place의 생성자에 유닛을 보관하는 컬렉션 개체를 생성하는 코드를 추가를 먼저 합시다.

```
//Place.h에 추가
#include "Arr.h"
class Place
{
    Arr<Unit *> *units;

//Place.cpp의 생성자 메서드 수정
Place::Place(ComeBackUnitEvent *cbu_eventhandler)
{
    this->cbu_eventhandler = cbu_eventhandler;
    units = new Arr<Unit *>(10);
}
```

이제 InsertUnit 메서드를 구현합시다. 여기에서도 EHLand의 ReplaceUnit과 같이 빈 자리를 찾아 보관하면 되겠네요.

```
void Place::InsertUnit(Unit *unit)
{
    for(int i = 0; i<10; i++)
    {
        if((*units)[i]==0)
        {
            (*units)[i] = unit;
            break;
        }
    }
}
```

유닛 이동을 위한 MoveUnit에서 사용하는 메서드들이 Remove를 제외하고 모두 구현하였습니다. 이번에는 Remove 메서드를 구현해 봅시다. Remove는 입력 인자로 전달된 유닛과 같은 유닛이 보관된 위치를 비게 하면 됩니다.

```
void EHLand::Remove(Unit *unit)
{
    for(int i = 0; i<10; i++)
    {
        if((*units)[i] == unit)
        {
            (*units)[i] = 0;
            return;
        }
    }
}
```

EHLand의 마지막 메뉴인 전체 상황 보기를 구현해 보기로 합시다. 여기에서는 EHLand에 있는 모든 유닛을 보여주고 각 장소를 개체 출력자를 이용하여 보여주면 됩니다. 이미 EHLand에 있는 모든 유닛의 정보를 보여주는 메서드는 ViewUnits 로 구현을 하였으니 이를 호출하면 됩니다.

```
void EHLand::ViewState()
{
    ViewUnits();
    cout<<places[0]<<endl;
    cout<<places[1]<<endl;
}
```

장소의 개체 출력자에서도 Place의 가상 메서드 View를 호출하는 것으로 구현하였으니 여기에서는 Place의 View 메서드와 각 장소에서 View를 재정의하면 됩니다. Place에서는 해당 장소에 있는 유닛의 정보를 보여주는 부분을 구현하고 각 장소에서는 어디인지를 출력한 후에 기반 클래스인 Place에 있는 무효화 된 View 메서드를 호출해서 구현하기로 합시다.

```
void Place::View(ostream &os)const
{
    for(int i = 0; i<10; i++)
    {
        if((*units)[i])
        {
            cout<<(*units)[i]<<endl;
        }
    }
}
```

```
void Hall::View(ostream &os)const
{
    cout<<"공연장"<<endl;
    Place::View(os);
}

void Village::View(ostream &os)const
{
    cout<<"마을"<<endl;
    Place::View(os);
}
```

현재 EHLand에서의 메뉴들에 대하여 구현하였습니다. 그리고 UnitFactory에서는 유닛을 생성과 소멸에 관한 책임만을 하는 클래스인데 이 부분도 구현하였습니다.

이제는 Hall과 Village에 포커스가 왔을 때 해야 할 작업들을 구현해 보기로 합시다.

먼저, Hall의 SetFocus를 구현해 봅시다. Hall의 SetFocus도 EHLand의 Run 메서드처럼 사용자로부터 메뉴를 입력받아 선택된 동작을 하는 것을 반복합니다. 메뉴로는 공연 관람하기, 무대로 올라가기, 유닛이 에이치나라로 복귀하기가 있습니다. 공연장 초점 종료를 선택하면 반복문을 빠져나가게 하여 SetFocus 함수를 끝내면 이를 호출한 EHLand로 가기 때문에 별다른 구현을 할 부분은 없습니다.

```
void Hall::SetFocus()
{
    MyGlobal::KeyData key = MyGlobal::ESC;
    while( ( key = SelectMenu())!= MyGlobal::ESC)
    {
        switch(key)
        {
            case MyGlobal::F1: ViewConcert(); break;
            case MyGlobal::F2: GoOnStage(); break;
            case MyGlobal::F3: ComeBackUnit(); break;
            default: cout<<"잘못된 메뉴를 선택하였습니다."<<endl;
        }
       cout<<"아무키나 누르세요"<<endl;
       MyGlobal::GetKey();
    }
}
```

SelectMenu와 ViewConcert, GoOnState는 Hall에 추가해야 할 메서드이고 ComeBackUnit은 모든 장소에서 공통으로 동작하므로 Place에 구현하면 됩니다. 이를 위해 먼저 각 메서드를 Place.h와 Hall.h에 선언을 추가하고 하나씩 구현해 봅시다. ComeBackUnit은 파생된 장소에서 접근할 메서드이기 때문에 protected로 접근 설정하십시요.

```
//Place.h
protected:
    void ComeBackUnit();

//Hall.h
    MyGlobal::KeyData SelectMenu();
    void ViewConcert();
    void GoOnStage();
```

SelectMenu는 단순히 메뉴를 출력하고 최종 사용자로부터 메뉴를 입력받아 입력받은 키를 반환하면 되겠네요.

```
MyGlobal::KeyData Hall::SelectMenu()
{
    system("cls");
    cout<<"Hall 메뉴  [ESC]:EHLand로 초점 복귀"<<endl;
    cout<<"[F1]:공연보기 [F2]:무대로 올라가기 [F3]:EHLand로 유닛 복귀"<<endl;
    cout<<"메뉴를 선택하세요"<<endl;
    return MyGlobal::GetKey();
}
```

ViewConcert에서는 모든 유닛에 공연을 관람하게 하고 예술가인 경우에만 논평하게 하면 됩니다. 그런데, 유닛을 보관하는 컬렉션은 Place의 멤버 필드로 접근 설정이 private으로 되어 있습니다. Hall에서 이들에게 명령을 내리기 위해서는 유닛을 얻어올 수 있는 메서드를 Place에서 제공하고 접근 설정은 protected로 해야 합니다.

그리고 Hall에서는 Unit에게 IPlay에 있는 행위만을 명령하게 하고 Village에서는 IRelax에 있는 행위만을 명령할 수 있게 하기로 하였습니다. 이를 위해 Place에서 Hall에서 사용하기 위해 특정 인덱스에 있는 IPlay를 반환하는 메서드와 Village에서 사용하기 위해 IRelax를 반환하는 메서드를 제공하기로 합시다. 그리고 이들의 메서드 이름은 IndexAt으로 정하기로 하겠습니다. 대신 이들을 사용할 때 필요한 인자는 인덱스로 모두 같으므로 이를 구분하기 위해 스텁 매개 변수를 사용하겠습니다. 그리고, 이 두 개의 메서드는 반환 형식을 제외하고는 같은 논리로 구현이 되기 때문에 Place 내에 접근 설정이 private한 IndexAt도 구현하겠습니다.

```
//Place.h에 추가
protected:
    IPlay *IndexAt(int index,bool)const;
    IRelax *IndexAt(int index,int)const;
private:
    Unit *IndexAt(int index)const;

//Place.cpp
IPlay *Place::IndexAt(int index,bool)const
{
    return IndexAt(index);
}
IRelax *Place::IndexAt(int index,int)const
{
    return IndexAt(index);
}
Unit *Place::IndexAt(int index)const
{
    if((index>=0)&&(index<10))
    {
        if((*units)[index])
        {
            return (*units)[index];
        }
    }
    return 0;
}
```

이제 공연장의 ViewConcert를 구현해 봅시다. 여기에서는 IndexAt을 통해 IPlay를 얻어와서 얻어온 IPlay의 공연 보기를 호출하고 해당 개체가 Artist인지 확인하기 위해 dynamic_cast를 이용하여 바르면 비판하면 됩니다.

```
void Hall::ViewConcert()
{
    IPlay *iplay = 0;
    Artist *artist = 0;
    for(int i = 0;i<10;i++)
    {
        iplay =IndexAt(i,true);
        if(iplay)
        {
            iplay->ViewConcert();
            artist = dynamic_cast<Artist *>(iplay);
            if(artist)
            {
                artist->Criticism();
            }
        }
    }
}
```

이제 Artist의 Criticism 메서드를 구현해 봅시다. 여기에서는 단순히 공연을 비판하다가 호출했음을 확인할 수 있게 화면에 출력하는 것만 하기로 하겠습니다.

```
void Artist::Criticism()
{
    cout<<this<<endl;
    cout<<"이번 공연은 이렇고 저렇고....."<<endl;
}
```

그리고 ViewConcert를 하면 모든 유닛은 할 때 행복을 느끼고 마법사는 추가로 매직 아이를 하기로 하였습니다. 이 또한 단순히 화면에 출력하는 것으로 하겠습니다. Magician에서는 무효화 된 기반 클래스인 Unit 클래스의 ViewConcert를 호출한 후에 매직 아이를 하는 것을 출력하면 되겠네요.

```
void Unit::ViewConcert()
{
    View();
    cout<<"공연을 보니 행복해......"<<endl;
}

void Magician::ViewConcert()
{
    Unit::ViewConcert();
    cout<<"매직 아이......"<<endl;
}
```

GoOnStage 메서드를 구현해 봅시다. 여기에서는 해당 장소에 있는 유닛을 선택하기 위해 유닛 정보를 출력하고 유닛의 이름을 입력받기로 하였습니다. 이를 위해서는 다시 유닛에 자신의 이름을 반환하는 메서드를 제공하여야 할 것입니다. 이에 대한 부분도 시퀀스 다이어그램을 수정하는 것부터 하겠습니다.

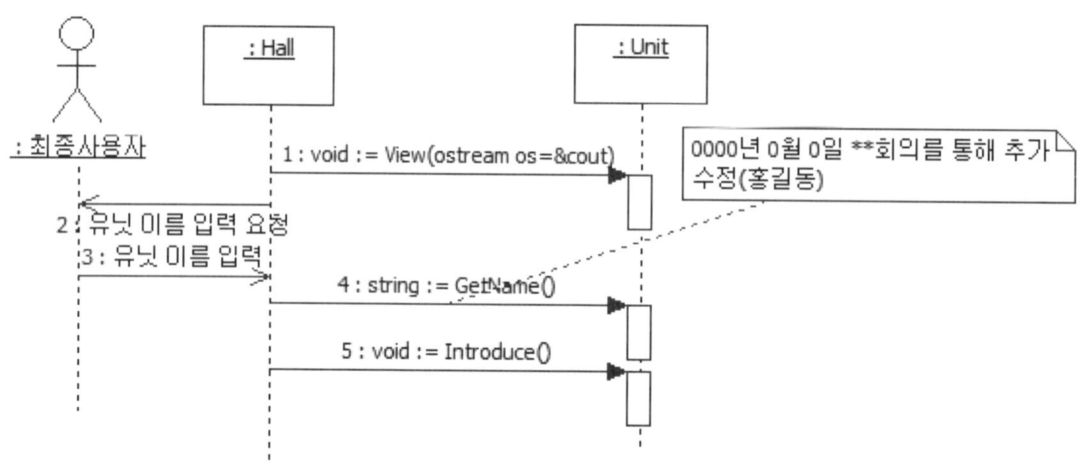

[그림 10.24]

유닛을 선택하는 것도 Village에서 휴식하기에서도 필요하므로 Place에서 제공하기로 하겠습니다. 특정 인덱스에 있는 유닛을 얻어오기 위해 했던 방식과 같게 합시다.

```
//Place.h
protected:
    IPlay *SelectUnit(bool)const;
    IRelax *SelectUnit(int)const;
private:
    Unit *SelectUnit()const;

//Place.cpp
Unit *Place::SelectUnit()const
{
    View();
    cout<<"유닛의 이름을 입력하세요"<<endl;
    string name = MyGlobal::GetStr();

    Unit *unit = 0;
    for(int index = 0;index<10;index++)
    {
        unit = (*units)[index];
        if(unit)
        {
            if(unit->GetName() == name)
            {
                return (*units)[index];
            }
        }
    }
    return 0;
}
```

Unit 클래스에 GetName 메서드를 선언 및 구현해야겠지요.

```
//Unit.h
string GetName()const;

//Unit.cpp
string Unit::GetName()const
{
    return name;
}
```

이제 실제로 GoOnState메서드를 구현하면 되겠네요.

```
void Hall::GoOnStage()
{
    cout<<"무대로 올라갈 유닛을 선택해주세요"<<endl;
    IPlay *iplay = SelectUnit(true);
    if(iplay)
    {
        iplay->Introduce();
    }
    else
    {
        cout<<"잘못 선택하였습니다."<<endl;
    }
}
```

유닛을 소개하는 것은 유닛 종류에 상관이 없이 자기 번호와 이름을 소개하는 것으로 하기로 하였습니다. 이 또한 단순히 화면에 출력하는 것으로 하겠습니다.

```
void Unit::Introduce()
{
    cout<<"제가 무대에 올라왔으니 소개를 하지요."<<endl;
    View();
}
```

공연장의 마지막 메뉴인 유닛 EHLand로 복귀시키는 ComeBackUnit을 구현해 봅시다. ComeBackUnit 메서드에서는 먼저 복귀할 유닛을 선택한 후 복귀시키고 컬렉션에서 Remove시키면 될 것입니다.

```
void Place::ComeBackUnit()
{
    cout<<"EHLand로 복귀할 유닛을 선택해주세요"<<endl;
    Unit *unit = SelectUnit();
    if(unit)
    {
        (*cbu_eventhandler)(unit);
        Remove(unit);
    }
    else
    {
        cout<<"잘못 선택하였습니다."<<endl;
    }
}
```

Remove 메서드는 EHLand에서의 Remove와 같은 방법으로 구현할 수 있을 것입니다.

```
//Place.h
void Remove(Unit *unit);

//Place.cpp
void Place::Remove(Unit *unit)
{
    for(int i = 0; i<10; i++)
    {
        if((*units)[i] == unit)
        {
            (*units)[i] = 0;
            return;
        }
    }
}
```

그리고 ComeBackHelper에 함수 호출 연산자 중복 정의를 구현하여야 할 것입니다. 여기에서는 EHLand 개체의 ReplaceUnit메서드를 호출하면 되겠네요.

```
class ComeBackHelper:
    public ComeBackUnitEvent
{
    EHLand *owner;
public:
    ComeBackHelper(EHLand *owner)
    {
        this->owner = owner;
    }
    void operator() (Unit *unit)
    {
        owner->ReplaceUnit(unit);
    }
};
```

이제 주거지에 초점이 왔을 때의 수행할 기능들을 구현해 보기로 합시다. 대부분 공연장을 구현했을 때의 원리와 비슷합니다.

먼저, SetFocus 부분인데 전체 구동 원리는 Hall의 SetFocus 메서드와 같습니다. 단지 선택해서 호출할 메서드가 무엇인지만 차이가 있습니다.

```
void Village::SetFocus()
{
    MyGlobal::KeyData key = MyGlobal::ESC;
    while( ( key = SelectMenu())!= MyGlobal::ESC)
    {
        switch(key)
        {
        case MyGlobal::F1: TurnOff(); break;
        case MyGlobal::F2: Relax(); break;
        case MyGlobal::F3: ComeBackUnit(); break;
        default: cout<<"잘못된 메뉴를 선택하였습니다."<<endl;
        }
        cout<<"아무키나 누르세요"<<endl;
        MyGlobal::GetKey();
    }
}
```

Village.h에 SetFocuse에서 호출하는 메서드들을 선언하고 각 메서드를 구현해 봅시다. ComeBackUnit은 기반 클래스인 Place에서 구현된 메서드를 호출하는 것이기 때문에 별도의 선언과 구현이 필요 없습니다.

```
//Village.h
private:
    MyGlobal::KeyData SelectMenu();
    void TurnOff();
    void Relax();

//Village.cpp
MyGlobal::KeyData Village::SelectMenu()
{
    system("cls");
    cout<<"Village 메뉴  [ESC]:EHLand로 초점 복귀"<<endl;
    cout<<"[F1]:소등 [F2]:휴식 [F3]:EHLand로 유닛 복귀"<<endl;
    cout<<"메뉴를 선택하세요"<<endl;
    return MyGlobal::GetKey();
}
```

TurnOff 메서드에서는 전체 유닛을 잠을 자게 하면 됩니다. 다만, 해당 유닛이 Worker일 경우에는 자기 전에 알람을 설정해야 합니다. 여기에서도 공연장의 ViewConcert 메서드처럼 기반 클래스인 Place의 IndexAt을 통해 IRelax를 얻어와서 해당 개체가 Worker인지 확인하기 위해 dynamic_cast를 이용하여 알람을 설정하고 해당 유닛을 잠을 자게 하려면 얻어온 IRelax의 Sleep 메서드를 호출하면 됩니다.

```
void Village::TurnOff()
{
    IRelax *irelax = 0;
    Worker *worker = 0;
    for(int i = 0;i<10;i++)
    {
        irelax =IndexAt(i,0);
        if(irelax)
        {
            worker = dynamic_cast<Worker *>(irelax);
            if(worker)
            {
                worker->SetAlram();
            }
            irelax->Sleep();
        }
    }
}
```

Unit은 잠을 잘 때의 구체적 행위가 모두 다르므로 파생된 각 클래스에서 Sleep 메서드를 재정의를 하기로 하였습니다. 여기서도 간단히 화면에 정보를 출력하는 형태로 구현하겠습니다.

```
void Artist::Sleep()
{
    View();
    cout<<"노래는 즐겁다......"<<endl;
}

void Magician::Sleep()
{
    View();
    cout<<"꿈속으로......"<<endl;
}
```

```
void Worker::Sleep()
{
    View();
    cout<<"열심히 일한 당신, 드르렁~ 드르렁~";
}

void Worker::SetAlram()
{
    View();
    cout<<"내일 아침을 위해 알람설정"<<endl;
}
```

Village의 Relax 메서드를 구현해 봅시다. Hall의 GoOnStage 처럼 Place의 SelectUnit을 통해 IRelax 개체를 얻어와서 휴식을 취하게 하면 됩니다. 그리고 해당 개체가 마법사인지 dynamic_cast를 이용하여 확인 후에 달나라 여행을 보내면 되겠네요.

```
void Village::Relax()
{
    cout<<"휴식할 유닛을 선택해주세요"<<endl;
    IRelax *irelax = SelectUnit(0);
    if(irelax)
    {
        irelax->Relax();
        Magician *magician = dynamic_cast<Magician *>(irelax);
        if(magician)
        {
            magician->TravelMoon();
        }
    }
    else
    {
        cout<<"잘못 선택하였습니다."<<endl;
    }
}
```

유닛이 휴식을 취하는 것도 구체적 행위가 모두 다르므로 파생된 클래스에서 재정의하여 구현하기로 하였습니다. 마찬가지로 화면에 정보를 출력하는 수준으로 간단히 구현하기로 합시다.

```
void Artist::Relax()
{
    View();
    cout<<"비발디의 사계♪♬......"<<endl;
}

void Magician::Relax()
{
    View();
    cout<<"랄라라... 댄스! 댄스!"<<endl;
}
void Magician::TravelMoon()
{
    View();
    cout<<"여기는 고요의 바다......"<<endl;
}

void Worker::Relax()
{
    View();
    cout<<"몸이 피곤해...... 드르렁~ 드르렁~";
}
```

이제 구현한 EHLand을 테스트하고 디버깅 하시기 바랍니다.

이상으로 짧고도 길었던 Escort C++을 마치도록 하겠습니다.